前言

今年秋冬，要编织什么呢？

帽子、围脖、连指手套还有半指手套，

都是亮闪闪的明星配饰。

也推荐编织披肩、女士收腰长上衣、马甲哟。

这里聚满了可爱的编织款式，

从可以"唰唰唰"地完成的简单作品，

到需要努力一下才能完成的作品，

任君挑选。

快翻开书，找到你喜欢的作品吧。

日本宝库社　编著

如鱼得水　译

河南科学技术出版社

·郑州·

目录 Contents

决定反复穿它！
好编又好穿的
自然风情服饰

款式简单，容易搭配，穿着舒服，
自然风情的服饰很受欢迎。
下面介绍一些在用线和设计上都
立足于方便的毛衫和小物，
还附有设计师的宝贵建议哟！

摄影：Ikue Takizawa　设计：Kana Okuda
发型和化妆：Yuriko Yamazaki　模特：kazumi

带口袋的毛衣

使用蓬松的超级粗段染线编织宽松的毛衣，
很快就可以完成。
口袋做下针编织，事后缝合。

设计 / SAICHIKA
编织方法 / p.78
用线 / Koti

※作品图处省略线材品牌名，仅在制作方法部分提供
品牌名

设计师的建议

宽松的中长款毛衣无论是搭配裤
子还是裙子都很合适，非常百
搭！

上下颠倒

变换戴法

当头套戴上

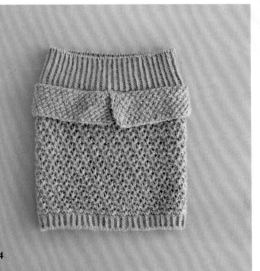

设计师的建议

个性的小物很适合搭配简单的衣服。可以自由自在变换戴法，一定有一种是你喜欢的。

百变围脖

不编织直接移过去的滑针花样充满时尚感。罗纹部分和类似衣领的部分可以折下去，也可以立起来，有多种佩戴方法，都很好看。

设计 / yohnKa
编织方法 / p.81
用线 / Grandir

长马甲

长长的开衩方便活动，
方便穿脱，也很时尚。
缝合部分较少，编织过程也很愉快。

设计 / 风工房
编织方法 / p.80
用线 / Grandir

设计师的建议

穿在宽松的长衬衫裙外面，或者搭配传统的百褶裙，都很合适。

搭配参考

护腕

扭转下针编织的扭针的单罗纹针，突出纵向的线条。
和条纹花样组合在一起，也可以上下颠倒过来。
拇指孔处做往返编织，其他均一圈圈环形编织。

设计 / 久下奈津美
编织方法 / p.82
用线 / Grandir

设计师的建议

使用多色彩线编织时，在搭配衣
服时，要选择发带中含有的颜色，
这样会比较协调。

设计师的建议

堆着戴，拉平戴，都很好看。可
以根据天气戴上护腕，保暖又时
尚。

变换戴法

换用线材

发带

只需下针编织即可完成这款发带。
简单地戴在头上，就是搭配亮点。
可以选择好看、给人舒适感觉的毛线编织。

设计 / 久下奈津美
编织方法 / p.85
用线 / MERISILK、Grandir、Koti

镂空袖毛衣

最低限度加减针，才能实现这种漂亮的效果。使用软糯、轻柔的毛线，编织的过程也很顺畅。因为是极粗毛线，可以很快完成，这点也很棒。

设计 / 菅野直美
编织方法 / p.84
用线 / PUNO

花朵花样披肩

通过拉针编织出具有凹凸感的花朵花样，
选择轻柔的毛线，花样看起来很蓬松。
长方形的披肩，有多种用途。

设计 / 稻叶由美
编织方法 / p.83
用线 / PUNO

设计师的建议

不同戴法的大披肩给人的印象也
是天壤之别。编织时，建议使用
百搭的基础色。

后面

变换戴法

设计师的建议

宽松的开襟毛衣很适合搭配款式简单的衣服。好看又保暖，一举两得。

开襟毛衣

使用极粗毛线用等针直编的方法
编织这款中长款开襟毛衣。
织片的组合也很简单，请一定要尝试一下！

设计 / 钓谷京子
编织方法 / p.86
用线 / 基础极粗

后面

设计师的建议

色调沉稳的帽子如果在帽顶处加入别的颜色，会给人明媚的感觉。保持色彩的平衡很重要。

罗纹针装饰的帽子

加入盖针，给罗纹针带来变化。
这种编织方法简单而独具匠心，推荐给你。
帽顶减针部分的优美线条也很吸引人。

设计 / blanco
编织方法 / p.88
用线 / Grandir

作品用线

MERISILK
美利奴羊毛80%、真丝20%/共13色/每团约50g/约250m/整体粗（不均匀）

Koti
羊毛92%（美利奴羊毛80%）、幼马海毛8%/共4色/每团约80g/约69m/超级粗

基础极粗
羊毛100%（美利奴羊毛50%）/共11色/每团约40g/约41m/超级粗

PUNO
幼羊驼毛68%、羊毛（精选美利奴羊毛）10%、锦纶22%/共9色/每团约50g/约110m/极粗至超级粗

Grandir
羊毛80%、幼羊驼毛20%/共14色/每团约40g/约72m/中粗

coordinate

编呀编～ **百变穿搭推荐**

1

item | p.39泡泡袖套头衫
p.26阳光单肩包

泡泡袖的毛衣、链条包、浅口鞋，这是一套很简约的成人搭配。再配上牛仔裤，很适合稍凉的天气。

coordinate

2

item | p.14亲子连指手套
p.40菱形格红色围巾

这套搭配以明媚的红色为主角，因此搭配了肃静的白色和灰色，以便突出红色，看起来很明朗。

coordinate

3

item | p.5长马甲
p.20圆形手提包

马甲、衬衫、裤子，这是很经典的搭配。贝雷帽和圆包增添了几分时尚感。

ooordinate

4

用编织元素打造时尚穿搭吧！
这里我们将书中出现的编织作品进行搭配。
这些搭配在一起或许很好看，诸如此类尝试启发灵感，
用作下一次编织时的参考。

摄影：Ikue Takizawa　设计：Kana Okuda
发型和化妆：Yuriko Yamazaki　模特：kazumi

item	p.8花朵花样披肩
	p.26菱格挎包

紫色连衣裙是主角，小物是点缀。大披肩不仅保
暖性好，还能带给人一种利落的感觉。

ooordinate

6

ooordinate

5

item	p.41遮阳帽
	p.42条纹托特包

天然的亚麻适合搭配同色系的材质。再搭配显眼
的间色，看起来非常清爽。

item	p.9开襟毛衣
	p.61两用暖手套
	p.57小圆花胸针

开襟毛衣比较有视觉效果，适合搭配简单、经典
的衣服。绿色暖手套和鞋子是亮点。

What to wear tomorrow

配色编织小物

你是不是经常在日常生活中用到
配色编织的小物呢？
用毛线编织优美的花样，
据说还可以给我们带来好运哟。

摄影：Yukari Shirai　设计：Megumi Nishimori
撰文：Chiyo Takeoka

Cap

企鹅帽子

企鹅妈妈后面跟着
摇摇晃晃的企鹅宝宝。
花样非常可爱，
配色也恰到好处。

设计/松村　忍
编织方法/p.89
用线/British Fine

亲子连指手套

郁金香花样的
可爱的亲子手套。
小孩多动,
因此儿童款使用了耐脏的深色。

设计/木下步
编织方法/p.90、91
用线/Spectre Modem（成人款）、Amerry（儿童款）

Mittens

Cup mat &
Cup cover

杯垫和杯套

- - - - - - - - - - - - - - - - - - -

桌上小物可以把桌面装饰得更漂亮。
用各种颜色编织简单的几何花样吧，很有趣。

设计/伊野 妙
编织方法/p.94、95
用线/British Fine

毛袜

只是颜色和袜筒的花样不同，
两双款式相同的袜子看起来就完全不同。
花样漂亮，
当作礼物赠送给亲友也很棒。

设计/小林由香
编织方法/p.92
用线/Shetland Spindrift

Socks

Mini bag

黑猫小包

- - - - - - - - - -

出门不远、时间不长的话，
拎着这样一个小包会很方便。
黑猫表情萌萌的，
是用嵌花编织技法完成的。

设计/东海绘里香
编织方法/p.18、94
用线/ British Eroika

嵌花编织（纵向渡线的配色花样）*Lesson*

编织 p.17 的黑猫花样，一起挑战嵌花编织吧。只要掌握了诀窍，就会编织得很快！

准备

先按照上图准备好毛线。这里，我们需要粉色×3，黑色×3，浅蓝色×2，芥末黄色×1。分线的方法是，将手指展开，在拇指和小指上按照 "画8字"的方法缠线20~30次。具体可根据编织图来调整。如果只需要很少的线，可以一边编织，一边在换线的时候从线团另一端抽出线来编织。

加线
第 7 行

用a粉色线编织至第7行第15针，然后粉色线休针，换b黑色线编织下针。

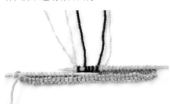

用黑色线编织5针后休针，用a-1粉色线继续编织。

纵向渡线（上针）
第 8 行

1 编织至第8行第12针后，下面休针的黑色线和编织中的粉色线交叉着拿好。

2 保持线交叉的状态用右手压住粉色线，将黑色线挂在左手上。

3 一边调整渡线的长度，一边编织上针，注意保持织片平整。纵向渡线编织的上针完成了。

4 用黑色线编织11针后，同样将下面休针的a粉色线纵向渡线，继续编织。

纵向渡线（下针）
第 9 行

1 编织至第9行第11针后，拿起下面休针的黑色线，编织中的粉色线与其交叉，然后向后绕。

2 粉色线保持交叉状态，用右手压住。

3 直接用黑色线编织下针。纵向渡线编织的下针完成了。

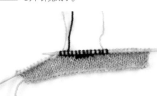

4 用黑色线编织13针后，同样将下面休针的a-1粉色线纵向渡线。后面按照编织方法图继续编织。

横向渡线
第 12 行

像第18针c芥末黄色线那样只换色编织1针时，横向渡线。第17针将编织后的b黑色线渡在芥末黄色线下方，继续编织。

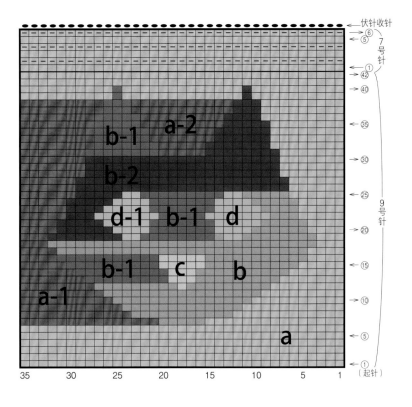

第 16 行

编织好第16行的情形。从第13行开始，需要用5根线分开编织，完成鼻子区域。

第 18 行

编织好第18行的情形。用3根线分开编织，完成眼睛以下区域。

第 25 行

编织好第25行的情形。用7根线分开编织，完成眼睛区域。

第 30 行

编织好第30行的情形。用3根线分开编织，完成耳朵以下区域。

第 38 行

用5根线分开编织，留下耳尖，编织至第38行。

第 40 行

第39、40行耳尖的编织方法和第12行相同，横向渡线。用3根线分开编织，上图为编织好第40行的情形。

按照编织方法图继续编织，黑猫的脸编织好了。反面可以看到很多线头。

处理线头

1 编织起点和编织终点的线头没有连接在一起，因此出现了空洞。为了和相邻不同颜色的针目连接在一起，在处理线头时要考虑好线头的方向。这里，将线穿入相邻的渡线，这样空洞就不显眼了。

2 空洞不显眼后，将线头穿入织片反面相同颜色的针迹中。注意不要影响到正面。

沉浸在立体织片中！
泡泡针和花漾钩编

蓬松的泡泡针非常招人喜爱。巧妙设计一番，还可以组成可爱的花朵花样。
这种织片很能体现钩针的存在感，下面我们就一起钩织很吸引人眼球的小物吧。

摄影：Yukari Shirai 设计：Megumi Nishimori 撰文：Sanae Nakata

Bobble

在主体的最终行，
一边钩织，
一边包住口金。
不需要里布。

泡泡针

口金包

将泡泡针呈菱形排列，
钩织阿兰花样风情的口金包。
选择粗花呢线，别有一种风情。

设计/金子祥子
编织方法/p.96
用线/Aran Tweed

泡泡针

圆形手提包

在从中心向外环形钩织的织片上，
有序地设计泡泡针。
在黑色底色上，
深浅不一的蓝色起到很好的点缀效果。
中心是泡泡针花朵花样。
侧面加宽的话，会提高收纳能力。

设计/小野裕子
编织方法/p.98
用线/LILI、LADDER TAPE

底色换成白色，
也很漂亮。
搭配优雅的衣服，
非常合适。

Bobble & Leaf

这是紫红色版。
用来搭配
柔美的半身裙，
十分合适。

包底使用了
皮革材质，
包身无须加减针
环形编织成筒状。

泡泡针和树叶针

圆桶包

泡泡针花朵和正拉针叶子，
是连续花样的主角。
有弹性的腈纶线，
让立体花样看起来更加鲜明。
明媚的色彩，也是魅力之一。

设计/桥本真由子
编织方法/p.99
用线/Bonny

用作花瓶套
或笔筒套也可以。
可以把桌面或窗边
装点得很漂亮。

郁金香杯套

杯套就像开满郁金香的花海。
枣形针叶子和泡泡针花朵组合在一起。
可以根据杯子的大小来调整花朵的数量。

设计/桥本真由子
编织方法/p.97
用线/Amerry

Flower

#30 线钩织的小胸针
和 #20 线钩织的大胸针。
金银丝线散发优雅光泽，
很适合出门佩戴。

花朵针

胸针

将蕾丝线钩织的荷叶边形状的花边
层层叠叠组合在一起，制作成花朵胸针。
改变毛线的粗细，会做成不同大小的胸针。
戴在身上很漂亮。
要注意挑针方法和钩织方向。

设计/小野裕子
编织方法/p.24
用线/含金银丝线的蕾丝线#30、真丝蕾丝
线#30、蕾丝线#20

胸针的制作方法

花朵花片

用2种颜色的线钩织时，第5行和第10行使用米色，其他使用含金银丝丝线的蕾丝线钩织。用其他颜色的线钩织时用1种颜色。

第1~5行

第6~10行

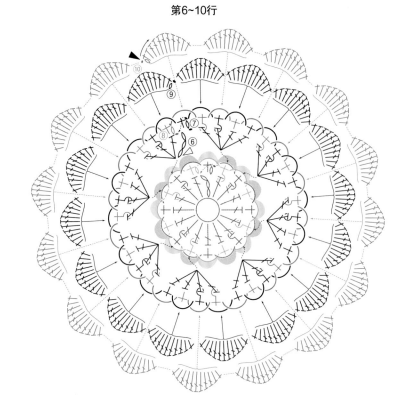

▷ =加线
► =剪线
— ﹣ ﹦ ⌒⌒ （图示符号）

材料与工具

DARUMA 含金银丝线的蕾丝线 #30 金色（1）2g；
真丝蕾丝线 #30 米色（16）2g，丁香紫色（15）、
灰紫色（12）各4g；蕾丝线 #20 灰紫色（18）8g

通用 胸针别针，蕾丝线 #30= 蕾丝针 2 号，蕾丝线 #20= 钩针 2/0 号

成品尺寸

蕾丝线 #30= 直径 5cm；蕾丝线 #20= 直径 6.5cm

编织要点

● 环形起针，参照图示钩织。

● 第2行锁针和第3行锁针按照图示交叉着编织。

● 分别在锁针上钩织第 4 行、第 5 行花瓣。

● 第 5 行将第 4 行的花瓣倒向前面编织。第 7 行和第 8 行按照图示交叉着编织。

● 在各自的锁针上编织第 9 行、第 10 行花瓣。

● 反面缝上胸针别针。

成品图 反面

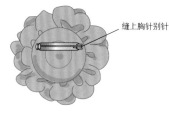

缝上胸针别针

步 骤 要 点

下面介绍第 1~5 行花瓣的编织方法。要注意编织方向。
为便于说明，这里改变了毛线的粗细和颜色。

1 按照编织方法图钩织至第 2 行。

2 第3行的锁针圈，先在第2行锁针圈后面钩织1针短针、5针锁针，在第2行锁针圈前面钩织短针的正拉针。

3 然后钩织5针锁针，在第2行锁针圈后面钩织1针短针。

4 重复步骤 **2**、**3**。第3行编织好了。

5 第4行在第2行锁针圈上钩织指定的针数，制作花瓣。第4行编织好了。

6 第5行立织1针锁针，然后翻转织片，在第3行锁针圈上钩织花瓣（和第4行的编织方向相反）。花瓣互相错开。

※第8~10行按照相同要领编织

属于我的私藏
迷你包包
Collection

超流行的迷你包包。
巧妙搭配金属部件和链条，
就是一款款式特别的包包。
编织一个喜欢的包包，
来搭配喜爱的衣服吧。

摄影：Ikue Takizawa　设计：Kana Okuda
发型和化妆：Yuriko Yamazaki　模特：kazumi
撰文：Miku Koizumi

Mini Bag 01

梯形包

用拉菲线和金银丝线，
编织带着优雅光泽的挎包。
装饰底钉、黑色缎带等，
提升华丽之感。

设计/erico
编织方法/p.102
用线/Leafy、SILK SPIN LAME

阳光单肩包

明媚的黄色很耀眼，
这是一款很方正的单肩包。
将两种不同材质的线并为一股，
编织结实而带着微妙感觉的包包。

设计/千叶绫香
编织方法/p.104
用线/eco-ANDARIA、Mohair〈colorful〉

Mini Bag 03

菱格挎包

金色的十字形花样是亮点，
使用稍粗的单提手，
包形设计上也很方便拿取东西。

设计/武田浩子
编织方法/p.100
用线/Antares

竹提手小包

扁扁的包口看着很可爱。
竹提手很有存在感，
和绿松石色的包身很搭。
从圆形包底上钩织，很简单。

设计/青木惠理子
编织方法/p.105
用线/British Eroika

Mini Bag 05

优雅链条方包

色调雅致的方包。
与麦芽糖颜色相似的塑料链条，
提升了正式感。

设计/越膳夕香
编织方法/p.103
用线/ Manila Hemp Yarn Stain Series

花样俱乐部

这是喜欢研究编织花样的
设计师杉山 朋的第2期连载。
主角是经典的阿兰花样。将它们巧妙组合在一起，
就是无限延展的阿兰花样世界。一起来体验吧。

摄影：Yukari Shirai　设计：Megumi Nishimori　撰文：Chiyo Takeoka

本期的话题是
各种各样的阿兰花样

本期以阿兰花样的麻花花样为中心进行介绍。针数、行数、
交叉位置和方向不同，给人的感觉也会不一样。大家可以
选择喜欢的花样尝试一下。

19　20　21　22　23　24　25　26

1　2　3　4　5　6　7　8　9　10

27　28　29　30　31

11　12　13　14　15　16　17　18

Profile
杉山 朋

主要为手工艺图书提供编织设计。其编
织书《杉山 朋的手编小物》中文简体
版已由河南科学技术出版社引进出版。

Process Point

阿兰花样的组合案例

将p.29的阿兰花样组合在一起，就会得到很多可以用在编织中的优美花样。

将花样3和花样13组合在一起。一大一小对比鲜明，组成非常清爽的编织花样。

将花样12和花样25组合在一起，中间设计双罗纹针。这种编织花样适合用在想要提高作品弹性时。

连续编织3个花样19，和花样14组合。花样19连接在一起，成为蜂窝花样。加入扭针，让编织花样更显眼。

将花样23连接在一起，组成大花样。编织效果和1个小花样完全不同，看起来很有趣。

花样的编织方法

▨……方框内是1个花样

1
2针4行1个花样
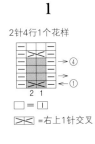
□=□
▨=右上1针交叉

2
4针8行1个花样
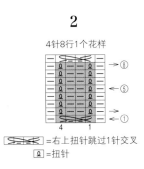
▨=右上扭针跳过1针交叉
Ω=扭针

3
5针8行1个花样
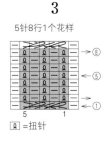
Ω=扭针

4
4针4行1个花样
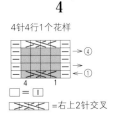
□=□
▨=右上2针交叉

5
4针6行1个花样
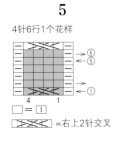
□=□
▨=右上2针交叉

6
6针4行1个花样
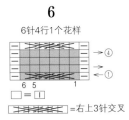
□=□
▨=右上3针交叉

7
6针6行1个花样
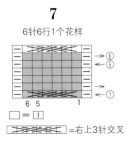
▨=右上3针交叉

8
6针8行1个花样
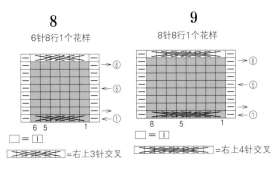
□=□
▨=右上3针交叉

9
8针8行1个花样
□=□
▨=右上4针交叉

10
8针10行1个花样
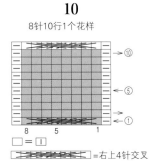
□=□
▨=右上4针交叉

※花样11~31的编织方法图见p.124、125

杉山 朋的笔记

编织阿兰花样时，使用捻线紧致的平直毛线，花样效果会更好。大家一定要用喜欢的线材、颜色、花样来尝试哟。
这次介绍的室内毛线鞋结构非常简单，即使鞋跟出现了孔洞，也可以解开重新编织。鞋口的罗纹针行数可以根据个人喜好调整，编织长一点向外折叠着穿也很好看。

应用作品 室内毛线鞋

在p.29花样29的两侧搭配花样12，钩织成毛线鞋。使用红色毛线编织，给人眼前一亮的感觉，心情也变得明媚起来。

室内毛线鞋的编织方法

材料与工具

芭贝 MINI-SPORT 红色（724）100g

棒针6号、7号、8号（5根针）

成品尺寸

鞋底长23cm，鞋筒高9cm

编织密度

10cm×10cm 面积内：编织花样31针，
26.5行；下针编织、上针编织（8号针）
均为20针，26.5行

编织要点

●主体手指起针56针，连接成环形。参照
图示编织11行双罗纹针，然后做编织花样、
下针编织、上针编织。鞋跟位置编入另线。
鞋头一边减针，一边做11行下针编织。最
终行双重穿线并收紧。

●鞋跟位置解开另线，一共挑起46针，做
17行下针编织。最终行双重穿线并收紧。

●编织2只相同的鞋。

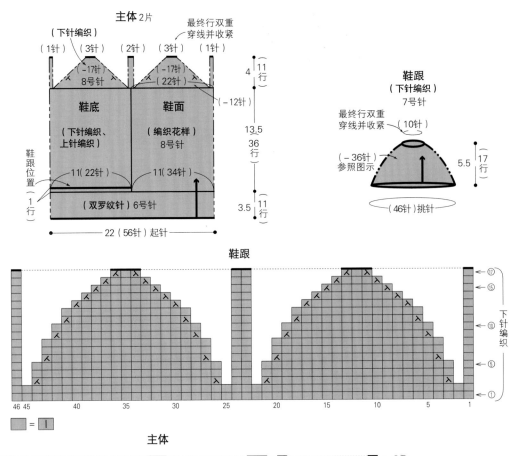

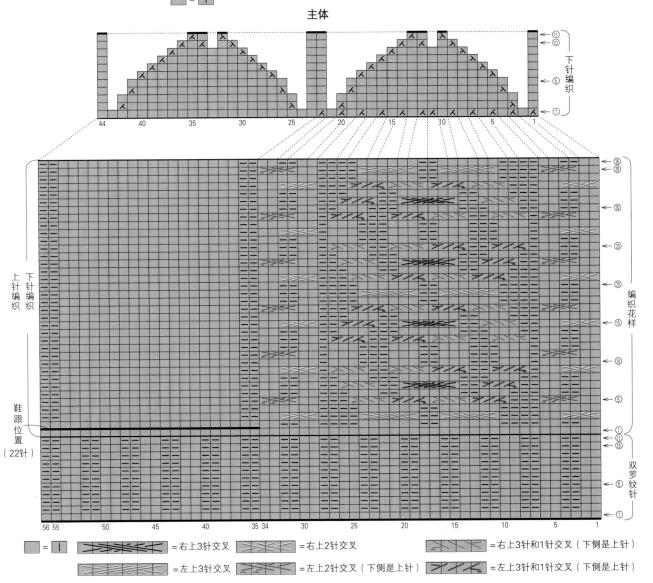

= $\boxed{|}$ 　　$\boxed{右上3针交叉}$ =右上3针交叉　　$\boxed{右上2针交叉}$ =右上2针交叉　　$\boxed{右上3针和1针交叉}$ =右上3针和1针交叉（下侧是上针）

$\boxed{左上3针交叉}$ =左上3针交叉　　$\boxed{左上2针交叉}$ =左上2针交叉（下侧是上针）　　$\boxed{左上3针和1针交叉}$ =左上3针和1针交叉（下侧是上针）

※全书编织图中未标注单位表示尺寸的数字均以厘米（cm）为单位

Keito 毛线店欢迎你

Keito毛线店销售世界各国的特色毛线，
还教大家编织简单、可爱的小物。
这里，它带我们使用两种线材编织四季皆宜的优雅披肩。

摄影：Ikue Takizawa　设计：Kana Okuda　发型和化妆：Yuriko Yamazaki　模特：kazumi

三角披肩很好用，简单地披上即
可。为了更好地呈现出边缘的线
条，设计为从长边开始钩织。有
规律、稳定地钩织3针并1针的
镂空花样是关键哟。

镂空花样的
三角披肩

经典荷叶边镂空花样披肩。
使用100%幼羊驼材质的毛线钩织，
手感细腻，让人忍不住沉迷。

设计/Keito
改造、制作/石塚真理
毛线/AMANO PUNA、JOS VANNESTE SOPHIE

使用亚麻线钩织，针迹分明，镂空效果更好。手感清爽，也很适合
夏天使用。

作品用线

AMANO PUNA

幼羊驼毛100% 100g/桄 250m 粗 秘鲁产
毛线名在克丘亚语中的意思是安第斯山，是纤维
较长的柔软毛线。无论是编织复杂的花样，还是
做简单的下针编织，都很漂亮。

JOS VANNESTE SOPHIE

科特赖克亚麻100% 100g/筒 300m 细 比利时产
这是一款有光泽的、光滑的优质亚麻线。吸汗、保
暖，适合包括夏季在内的所有季节。

镂空花样的三角披肩的编织方法

材料与工具

A：AMANO PUNA 藏青色（4006）190g

棒针8号、6号

B：JOS VANNESTE SOPHIE 芥末黄色（25）145g

棒针6号、4号

成品尺寸

参照图示

编织密度

10cm×10cm 面积内：编织花样20针，30行

编织要点

●主体手指起针312针，参照图示一边减针一边做142行编织花样，然后编织14行起伏针。最后做伏针收针。

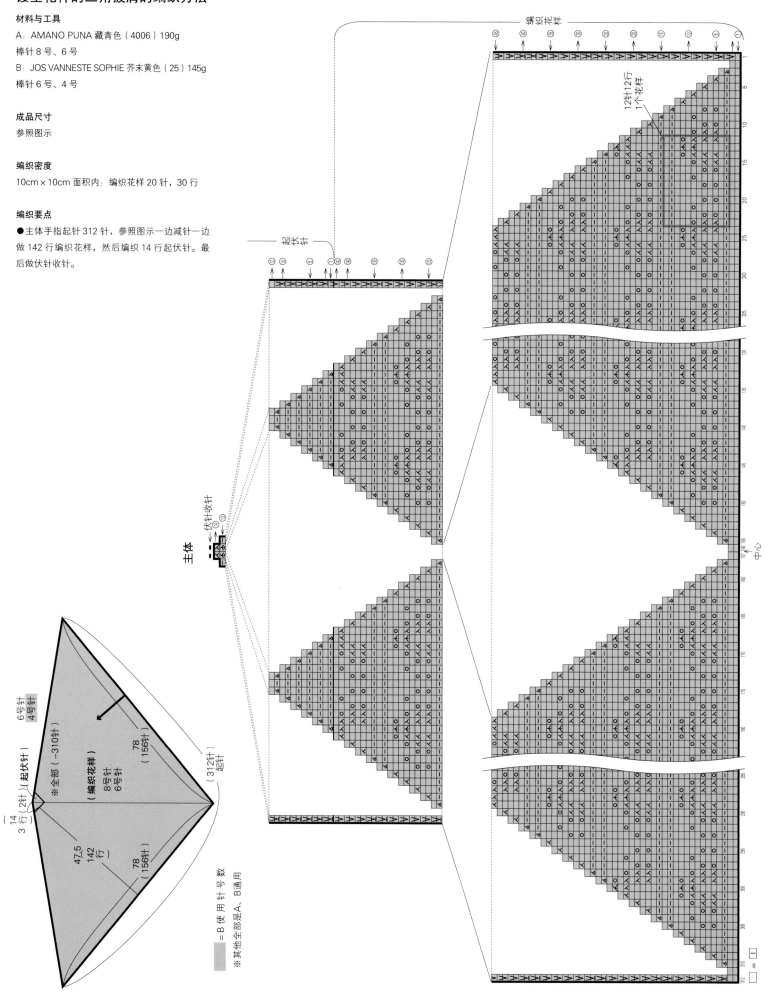

从基础到应用
一起让环形针更得心应手!

直到现在我还不知道!

毕竟那些书里没写呀!

用一根软线将2根短棒针连接起来,就是环形针。很多人或许都对环形针有所耳闻,却很少有人真的用过它。
因此,从环形针的基础知识,到更高级的应用知识,我们一举介绍。编织起点有几处需要注意的地方,但搞清楚之后会发现它和普通棒针的起针方法是一样的。拿起环形针,让编织生活更快乐。

摄影:Noriaki Moriya 讲解:Yuko Yahara 撰文:Akiko Yamamoto

和环子小姐一起学习环形针的基础!

我会加油的!

挑战者
环子小姐

有5年编织经历,这次是第一次挑战环形针。应该能顺利编出来吧。

- - - - - - - -

指导老师
冈本真希子老师

自幼喜欢编织,现在一边作为编织老师,一边为杂志、图书设计、编织作品。掌握环形针,编织的乐趣更上一层!

只需要环形编织罗纹针即可。

简单!

罗纹针围脖

设计/冈本真希子 编织方法/p.125 用线/Aran Tweed
成品尺寸/颈围60cm,长20cm

Let's start!

from teacher

A.40cm

问题:环形针相同的针号有不同的长度。编织这个围脖时,环子小姐选择哪一个呢?

B.60cm   C.80cm

呃……该选哪一个呢?太短的话,似乎容易落针,长针更安全,还是选择80cm吧!

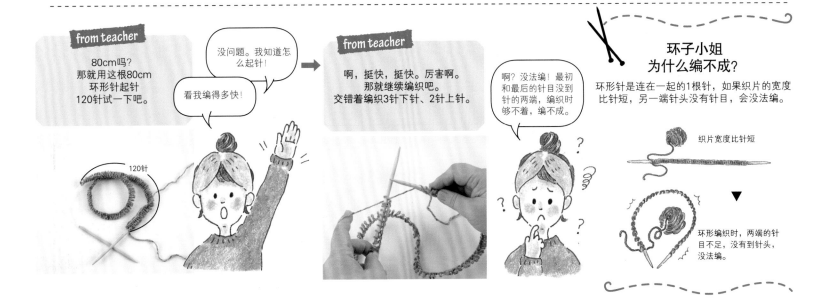

from teacher

80cm吗?那就用这根80cm环形针起针120针试一下吧。

没问题。我知道怎么起针!

看我编得多快!

120针

from teacher

啊,挺快,挺快。厉害啊。那就继续编织吧。交错着编织3针下针、2针上针。

啊?没法编!最初和最后的针目没到针的两端,编织时够不着,编不成。

环子小姐
为什么编不成?

环形针是连在一起的1根针,如果织片的宽度比针短,另一端针头没有针目,会没法编。

织片宽度比针短

▼

环形编织时,两端的针目不足,没有到针头,没法编。

也就是说，手套等环形编织的小东西，没法用环形针编织？

4根（5根）棒针的话

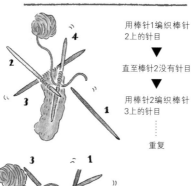

用棒针1编织棒针2上的针目
▼
直至棒针2没有针目
▼
用棒针2编织棒针3上的针目
⋮
重复

将针目分到3根（或者4根）棒针上，因为针目可以自由向棒针两端移动，所以可以编织很小的环形。

from teacher

基本是这样的。
手套、袜子等较小的环形编织的物件，适合使用4根棒针或5根棒针编织。

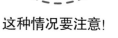

from teacher

要了解不同的环形针适合编织的类型。大致是这样的。

40cm…
帽子、毛衣的领窝等

60cm…
围脖、环形编织身片等

80cm…
圆育克、较宽的长围巾等

※ 往返编织的情况请参照 p.38

这种情况要注意！

像帽子这样一边减针一边编织时，即使最初可以使用环形针编织，到帽顶时随着针数变少，也会逐渐没法编了。这种情况，需换用4根针或5根棒针编织。

应用篇　用环形针编织小环的方法
——p.38 开始！

但是……

明白了！
我重新用60cm的环形针起针。

from teacher

如果只用环形针起针是很危险的！
即使起好了，抽出针时也可能会落针。

老师，现在起了60针了，已经是我的极限了。没法起120针。再继续起针的话，针目要落下来了！

from teacher

使用环形针起针时这样操作。

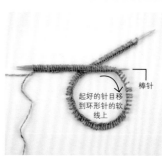

起好的针目移到环形针的软线上

棒针

将比环形针细1~2号的棒针（无堵头）和环形针并在一起起针。起好的针目需要移到环形针的软线上。

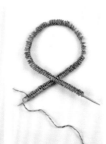

起完指定针数后，抽出棒针，起针就完成了。

终于起好针了，下面开始编织第2行。

稍微等一下！

嗯？有问题吗？

from teacher

请先确认一下。
看，是这里。
这里扭转了，你看出来了吗？

from teacher

如果扭转了，后面没法修正。
所以要在编织之前，仔细确认针目没有扭转。

应用篇　不要扭转了　最初做往返编织的方法
——p.38 开始！

好的，已经确认过了，没有扭转！

因为一直是看着正面编织的，所以只需要按照编织符号图来编织即可。
加油，加油！

终于要编第 2 行了！

掌握环形针还需继续努力！环子小姐后面还将面临很多挑战！

36

老师，这里好奇怪呀。
它竟然没有编织环形。

没有编成环形

from teacher

习惯往返编织的话，
很容易在起针
最后1针开始编织第2行。
这样的话，
是没法编成环形的。

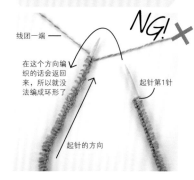

NG! ✗

线团一端

在这个方向编织的话会返回来，所以就没法编成环形了

起针第1针

起针的方向

from teacher

确实没有编成环形。
环子小姐是在哪里出错了呢?
我们回到5分钟之前，
一起看一下吧。

起完针后，环子小姐把织片放下，从座位上站起来休息了一下。

from teacher

第2行第1针要编在起针行的第
1针上。起完针就会自然而然地
继续挑针向前编织，但环子小
姐把它放下了一会儿，再次拿
起时不禁像平时那样挑针编织。
这是很容易出现的错误。在编
织第2行时，要确认一下，线头
一端、线团一端都要出现在右
针侧才对。

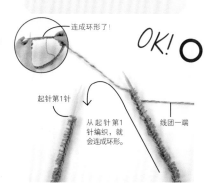

连成环形了!

OK! ⭕

起针第1针

从起针第1针编织，就会连成环形。

线团一端

原来是这样! 终于可以继续编织下去了。

经过一番波折，本小姐终于可以继续向前编织了。
下次如果关于环形针你有什么不懂的，
尽管来问啦，我一定知无不言。

希望你掌握的
环形编织知识

区分使用 4 根棒针和环形针

4根（5根）棒针用来编织环形针不能编织的小环。当然，也可用来编织大环。那么，环形针和4根（5根）棒针，该怎么区分使用呢? 下面总结一些使用规律，大家可以根据需要区分使用。

使用4根棒针时，将针目平均分到3根棒针上，然后用剩余1根棒针编织。使用5根棒针时，将针目平均分到4根棒针上，同样用剩余1根棒针编织。

	环形针	4 根（5 根）棒针
优点	· 不用换针，继续编织 · 方便编织配色花样	· 任何尺寸都可以编织
缺点	· 没法编织外围比针短的织物 · 需要仔细选择适合当前作品的长度的环形针	· 换针比较费事 · 换针时，针目容易松

换线时

在换行时换线，在织片端头更换的往返编织，如果将线拉紧，针目就不会松了。但是，用环形针编织时，如果将线拉紧，针目就会变得特别紧密，不拉的话织片又会出现空隙。

空隙

编织条纹花样时，需要在换行时换线，这时针目就会出现空隙。

处理线头时，将2根线交叉着绕过织片。注意不要将线拉得过紧。

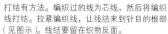

线结

编织过的线为芯线

然后将编织线打结

打结有方法。编织过的线为芯线，然后将编织线打结。拉紧编织线，让线结来到针目的根部（见图示）。线结要留在织物反面。

这样的话，织物上的空隙就消失了。

不要弄混第 1 针的位置

一行行环行编织时，如果不用记号圈做上记号，就会搞不清第1针的位置。用针数记号圈在换行的地方做个记号吧。

最初几行，可以通过线头来判断第1针的位置，但随着不断编织，就搞不清第1针的位置了。

要在换行时挂上记号圈，这样就不会弄混第1针了。

这种事情也可以搞定
环形针有很多便利用法

用环形针编织小环的方法

准备2根相同号数的环形针，就可以编织小环了。掌握以后，也会非常方便。

1 准备2根相同号数的环形针。不同号数也可以。长度任意。

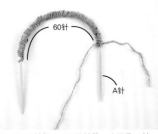

2 用A针起所需要的针数。这里是60针。

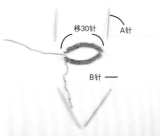

3 将其中30针移到B针上。

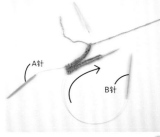

4 将步骤**3**移至B针上的针目移至针尖（上图），用B针编织第2行第1~30针（下图）。用同一根针编织。不要用A针编织B针的针目。

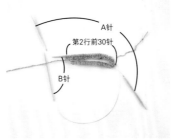

5 用B针编织好了第2行的前30针。

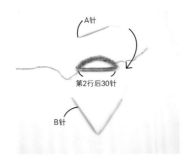

6 用A针编织第2行的后30针。A软线上的针目移到针尖（上图）。这次用A针编织（下图）。

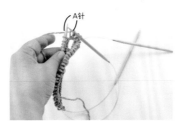

7 用A针编织第2行的31~60针。第3行前半部分用B针编织，将B软线上的针目移到针尖。

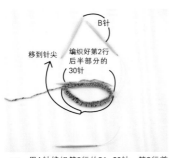

8 第3行前半部分用B针编织，后半部分用A针编织，图为编好的样子。重复上述织法。

用环形针做往返编织

冈本老师说，环形针只用来做环形编织的话就太大材小用了，它还可以做往返编织。p.37中，环子小姐经历了"没有编成环形"的失败，但她的方法恰恰可以用来做往返编织。

1 起指定的针数。

2 按照p.37编织错误的图，左手拿着带线的针编织第2行，注意偶数行要编织和编织符号图相反的针法。

3 第3行也用左手拿着带线的针编织。奇数行按照编织符号图编织。

4 重复上述操作。用环形针编织时，因为大量针目都在软线上，比较好拿，反面不会出现很多针头，令人心安。而且，有软线承载针目，在编织大件物品（较宽）时不会对一边的针造成太大压力，编起来更轻松。

不要扭转了
最初做往返编织的方法

通过p.36我们知道用环形针编织时针目会发生扭转。下面我们就重点介绍避免针目发生扭转的方法。虽然编完之后需要再稍微费点功夫，却可以避免扭转，也是很可取的。

1 这里一直到第3行都是"用环形针做往返编织"。

2 第4行开始连成环形。第3行编完之后，继续编织，就会自然地连成环形。

3 然后就一直做环形编织。编完之后，用起针剩下的线头，将开始的3行缝合，这样就大功告成了。

匠系列环形针-S

为了便于编织，进行了一番改良，让软线可以回转。
8cm 12号
日本Clover株式会社

镂空花样大集锦

使用不同材质的毛线，
镂空花样会给我们带来不同的感觉。
羊毛很轻柔。拉菲线很优雅。

摄影：Ikue Takizawa 设计：Kana Okuda 发型和化妆：YurikoYamazaki 模特：kazumi 撰文：Miku Koizumi

Pullover

WARDROBE 1

泡泡袖套头衫

中长的泡泡袖很可爱。
身片两边和衣袖使用镂空花样，
降低了厚重感。
先人一步，穿上毛衫吧。

设计/松本惠衣子
编织方法/p.108
用线/饱含空气的Wool Alpaca

细细密密的锯齿状镂空花样，给
蓬松的袖子带来优美的线条感。

WARDROBE 2

菱形格红色围巾

这款围巾全部使用镂空花样。
一戴上热情洋溢的红色围巾，
心情也会变得明媚起来，
很适合搭配素色衣服。

设计/西村知子
编织方法/p.107
用线/Shetland Wool

Stole

双重镂空菱形花样排列在一起。
镂空花样看起来像一个个小格
子。

WARDROBE 3

遮阳帽

麦秆风情的帽子，
很有女人味。
帽身使用其他颜色的线拼接，
整体看起来很雅致。

设计/稻叶由美
编织方法/p.111
用线/Leafy

Hat

帽身使用的是段染线，编织效果
很像配色花样。这里设计成镂空
花样，戴起来更加凉爽。

条纹托特包

这是一款大号托特包。
明亮的橙色包底和提手，
搭配紫灰色细条纹，
给人一种秀逸之感。

设计/越膳夕香
编织方法/p.110
用线/SASAWASHI

Totebag

为了不影响包包的耐用性，镂空
花样设计得很小巧。包身越往上，
镂空花样越多，给人一种匠心之
感。

日常生活中的手编时光
我、编织和手作

本期我们采访了著作颇多的超人气设计师。
一起聊了编织作品的制作秘话和设计灵感等有趣的话题。

摄影：Miki Tanabe　撰文：Sanae Nakata

SAICHIKA

编织设计师。在文化服装学院学习
西式裁剪和编织，曾在服装制造公
司工作，后来成为自由设计师。
2010年开始从事编织的设计、制
作，向图书和企业提供作品等活动。
著有《白线编织毛衣》等多本书。

Knit & Handmade Story

1 SAICHIKA 女士

1 工作室入口处摆放着编织机用的毛线，多为自然色。
2 这是休息时经常玩的木球玩具，可以让人得到放松。
3 在古玩店中淘到的猫咪摆件放在线桄旁边。

传统作品也可以升华成自己的设计

1 这是她在图书和杂志上展示的作品。白色阿兰花样毛衣在设计时受到古老的凯尔特纹饰的启发。**2** 连指手套和毛袜使用的凹凸花样很有存在感。配色花样作品登载在《毛线球》上。**3** 展会上展出的帽子。用亚麻线编织的王冠式帽顶上有机器刺绣图案。**4** 这是一款将近乎正方形的织片像折纸一样对折做成的毛衣。起伏针编织的斜条纹看起来很时尚。

图**1**中的毛衣、图**2**中的毛袜和连指手套收录在《白线编织毛衣》一书中。图**4**中的毛衣收录在《快乐的毛衫编织》一书中。（两书均为日本文化出版局出版）

编错了可以解开重新编
编织真有趣

　　在大楼的2楼向窗外望去，有轨电车在悠闲地行驶着。2019年秋季，SAICHIKA女士终于实现了多年的梦想——开一家属于自己的工作室。今年，正好是她作为编织设计师活跃的第10年。自此，在新环境中开启新篇章，她的眼睛炯炯有神。

　　为了学习她深爱的西式裁剪和编织，她考入文化服装学院。毕业后，围绕布料和毛线，她成为复合型设计师。我问她为何后来决定专门从事编织设计师工作，她这样说："毛线编错了可以解开重新编。无论是编错了，还是想换个款式，都可以解开重新编，可以将一闪而过的灵感融入其中，这点我很喜欢。我也很喜欢西式裁剪，但每次剪开钟爱的布料都很不忍心。"

　　我有幸看到了她在展会上展出的混合了毛线编织、草编、机器刺绣等技法的帽子。"我认为，手作是不分对错的。我的工作室有时也会开办讲习班，但我最想传递给大家的是'手作是快乐的'这种简单的心情。"

　　工作结束后，她会做一些拉伸运动来放松身体。虽然很忙，这个习惯让她每天都能保持精神满满。

1 资料中的亚述和凯尔特图鉴以及曼陀罗图案。**2** 国外收集的手工书。**3** 非常喜欢的环形针。

收纳工具也全是
质朴的天然材质

带到工作室的家具和小物
都是她本人长久钟爱的，
用着都很顺手。

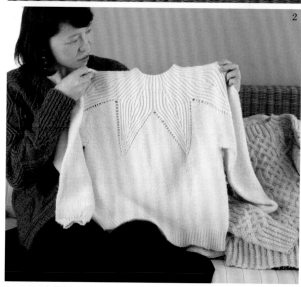

1 包包是费尔岛花样，三角披肩是拉脱维亚的配色花样。它们都被《毛线球》收录。"在运用阿兰花样和配色编织等传统花样时，我也尽量把它们设计得有自己的特色。"图中是中文版和日文版《毛线球》。图书封面使用了不同的图片。**2** SAICHIKA女士说："花样的设计灵感来自我家玉簪花的叶子。"

1 用印度的香料盒收纳小物。质朴木头的温润手感让人很喜欢。**2** 皮革材质的棒针收纳包。每年都会在商店购买1件有趣的装饰品。**3** 在古玩店淘到的铁皮盒用来放卷尺。

Topic

她还喜欢手工纺线

工作室里的纺车和梳毛器是Ashford公司的。SAICHIKA女士在上学时学会纺线，还曾参加新西兰的讲习班。

东海绘里香

编织设计师。毕业于女子美术短期大学服装专业。曾在毛线制造公司、服装制造公司工作，后来开始作为编织作家活跃。她的活跃范围包括在图书和杂志上刊布作品、举行个人作品展、开办编织教室等。著有《每日的快乐编织》。

2 东海绘里香女士

使用零线编织的小物。**1** 小房子形状的钥匙包。挂在会客厅绿植的树枝上。**2** 纸巾盒的配色比较朴素。**3** 搬家时也舍不得丢掉的玄关地垫。现在铺在院子的出入口。

一直孜孜追寻的是
充满艺术性的配色编织

配色编织好比在名为织片的布上绘画。东海绘里香的作品就像一幅幅优美的图画，有动物、植物、甜点等。可爱的编织花样使用了在换色位置纵向渡线编织的嵌花编织技法。

学生时代学习服装设计，毕业后在毛线制造公司就职。东海女士在这里负责毛衫的配色花样设计。之后，她的工作转移到服装领域，一时不再从事编织业务。用她本人的话说："一方面是全新的服装世界很有趣，一方面是不知道自己想做的编织设计能够走多远。"虽然如此，她经常在业余时间教同事编织，逐渐感到自己看来很普通的编织技能比想象中特别。

那么，就来做只有自己才能创作出来的作品。经过多番尝试，东海女士决定专注于嵌花编织的配色花样。婚后，她认真研发的配色编织包包首次收录在图书中。以动物为主题的包包，毛发使用了特色线，面部还使用了刺绣元素，如此种种，结合作品运用了丰富的创作手法。

现在，每当看见喜欢的东西，她经常会思考如何把它运用到配色编织中。接下来，她会给我们带来什么样的惊喜呢？让我们拭目以待吧。

第一次编织的配色"物品"是这件毛衣。"因为线较细，很好地再现了线团颜色的明暗之感。"

配色编织花样先设计图案。一边施以适当变形，一边不断在方格编织符号图上反复绘制。

𝓘𝓷𝓯𝓸𝓻𝓶𝓪𝓽𝓲𝓸𝓷

中文版
已出版！

《东海绘里香 令人心动的配色编织》

动物、植物、毛线、山川等各种图案，以及色彩斑斓的阿兰花样，新颖的配色花样，都在本书中！

新书中刊布的作品。**1** 从领口向下编织的毛衣。圆育克是新尝试。**2** 狐狸围巾。佩戴时，头和尾巴都正面对着外面。

可以继续轻松地完善
配色编织的世界

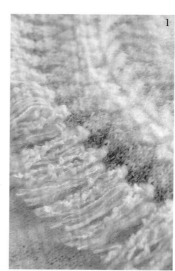

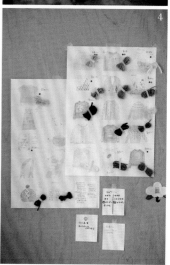

1、2 从下摆开始编织的圆育克毛衣。虽然是中规中矩的编织花样，但使用了柔美的配色，再加上花式流苏的点缀，就变得非常有个人风格了。**3** 色彩斑斓的阿兰花样配色样片，是本页左侧书中所用的编织样片。**4** 书中的作品制作了设计效果一览表，上面粘贴着编织时用到的线，用来确认颜色效果。

尝试着做自己想做的事情，由此形成自己的风格

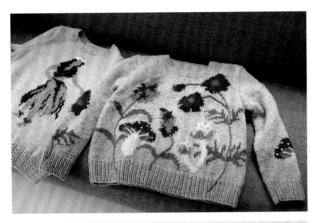

1 使用多种颜色编织配色花样也是因为想做而开始做的事情之一。**2** 配色编织的包包在设计时考虑到方便大人使用。缝上布质内袋后，包包不会再拉伸变形，看起来很整洁、漂亮。**3** 东海女士在会客厅的沙发上编织。※1、2均为收录在《毛线球》中的作品

Topic

一直在自己家里编织也不会觉得无聊，要归功于爱犬奇奇和卡布。它们的照片经常出现在东海女士的社交账号上。

东海女士经常使用棒针。动物形状的针帽是在国外买的纪念品。她主要利用电脑管理编织方法图。

东海女士设计的作品的魅力在于写实中透着温馨。书架上有很多图册和图鉴。

钩针编织的讲习班也很受人欢迎。据说，这款猫咪胸针，不同的人编织，会有不同的表情。

享受改变的快乐
我最喜欢的祖母方格

由长针和锁针钩成的简单方形花片，就是祖母方格。下面介绍的是给人祖母手编印象的各种怀旧风情的花片打造的作品。编织方法非常简单，编织方法图很容易记住，可以快速编织。

多彩方格毛毯

色彩斑斓的毛毯
是祖母方格作品的代表。
最终行用相同颜色的线编织，
五颜六色的花片连接在一起的时候，
会有一种和谐之美。
还可以有效利用零线。

设计/铃木敬子
编织方法/p.112
用线/iroiro

配色是9色1组，2组配色交错布局，连接成正方形毯子。

摄影：Ikue Takizawa
设计：Kana Okuda
发型和化妆：Yuriko Yamazaki
模特：kazumi
撰文：Sanae Nakata

49

清爽方格单肩包

用清爽的夏线编织祖母方格。
花片像旋转的风车，
用卷针缝缝合的方法连接。
包体较大，肩带较宽，
背起来比较方便，
很能装东西。

设计/美佳＊尤佳
编织方法/p.113
用线/eco-ANDARIA《Crochet》

zoom!

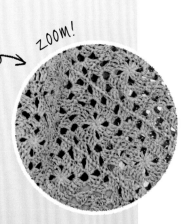

花片第2行增加了长针
的针数，所以镂空感没
有那么强烈了。

减少了花片的数量，钩
织成一款更加便携的单
肩包。配色颠倒过来，
给人的感觉焕然一新。

茧型波莱罗上衣

一点点编织、延展！

波莱罗开衫

用祖母方格花片，钩织简单、好穿的
外搭！将随着编织的进行而不断延展
的织片，像折纸那样折叠，然后用边
缘编织整理形状。非常简单！

设计/钓谷京子
编织方法/p.114
用线/FUGA《solo color》

作品折叠起来是这样的。将对折后的织片的袖口、衣领、下
摆加上边缘编织。

编织起点是后身片中心。
因为织片较为宽大，
所以使用了轻柔的带子纱线。

编织祖母方格花片的小妙招

本期作品用到的是祖母方格中最基本的正方形花片。看起来很相似，其实每个作品都别具匠心。

摄影：Noriaki Moriya

毯子

立织位置

逐行换色、色彩斑斓

织片越简单，越要注重色彩。如果不知道如何配色，就使用上一片花片最终行的颜色当作下一片花片中心的颜色吧。

这里要换色！

作品在角部钩织2针锁针、1针短针时，第2针锁针要换色。这样的话，下一行换色位置看起来会很整洁。

1 第2针锁针换色。

2 钩织完了第1行。

3 图为编好第2行立织的针目和2针长针的情形。

用剩下的零线编织，积累花片

用零线时不时地编织一片片小花片，就会在不知不觉中完成一个大毯子，毫无压力。

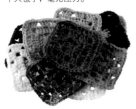

只需要在最终行用同一种颜色编织即可。

花片大小一致很重要！

用零线编织的时候，一定要确保花片大小一致。细线可以取2根线编织。细微的差别可以通过熨烫调整。

2根线　　1根线

单肩包

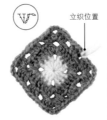

立织位置

在编织方法上下功夫 避免镂空太多

毯子所用的花样有较多的镂空，如果直接用在包包上会很容易让人看到里面的东西，令人不安。所以，这里将第2行改成了长针。同时，将角部朝上，让立织的针目出现在边缘中间，这样成品会很清爽。

这里要换色！

本作品的颜色比较素净，只需要换色1次。在行的最后钩织引拔针换色即可。

1 钩织3针锁针。

2 钩织引拔针换色。

编织终点缝锁针连接

编织终点的锁针就像1针起针一样连接在一起。做卷针缝时，比较容易挑针。

1 在编织终点的锁针前面剪线引拔，然后将线穿在毛线缝针上，插入立织的针目。

2 将毛线缝针插入步骤**1**中拉出线的针目，从反面出针。

3 连接处出现了1针锁针。

作品用的是夏线，其实冬线也可以！

使用喜欢的毛线编织适合冬季的花片。如果想编织和夏线作品相同的尺寸，要选择适合4/0号钩针的毛线，试编一下，便于调整尺寸。毛线比夏线柔软，添上里布会比较好。

第3行的针数和其他作品相同！

本作品第2行全部改成了长针，但第3行则编织和其他作品相同的针数。因此，可以和其他作品交换使用。还可以变换成左边的毯子所用的花样。这样定制，也是乐趣之一。

茧型波莱罗上衣

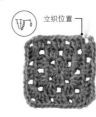

立织位置

一个劲儿地编织、延展！

这是一款很适合忘我地编织的作品。织片简单，随时随地都可以钩织起来，这是它的魅力之处。完成后，再稍微处理一下，就变成了很漂亮的毛衫。

用渐变色线钩织出变化！

作品使用单色线，也可以使用长间距渐变色线，享受色彩变化的乐趣。

茧型波莱罗上衣是这样制作的！

下面介绍迷你版的同款毛衫的制作方法。看完你会觉得它非常简单，忍不住想要开始制作了。如果你想再费点功夫，也可以用连接花片的方法完成主体。

1 钩织一大片正方形花片。

2 正面相对对折，胁部钩织短针和锁针接合（灰色线部分）。

3 将织片翻到正面，钩织衣袖、衣领、下摆的边缘（白色线部分）。

4 打开即可。

※为便于理解，改变了作品的针数和行数。

希望你掌握！ **半针的卷针缝**

毯子和单肩包都需要用半针的卷针缝的方法将花片连接在一起。这也是连接花片经常会用到的方法，希望大家能够掌握。

1 将花片正面朝外排列好，从下向上将毛线缝针插入第1片花片角部中央的半针锁针。

2 从上向下插入相邻花片角部中央的半针锁针，在1针中再次从下向上入针。

3 从下一针开始，从左右花片各挑起半针。

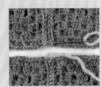

4 第3片和第4片花片的起点也分别挑起角部锁针的半针。

5 上下4片花片连在一起了。

6 剩余的边也按相同方法缝合，4片花片的角部和步骤**4**一样挑针缝合。

7 中央部分的缝线交叉在一起。

8 按照相同方法缝合至最后。

近年来，在手工艺商店或网上很容易买到水引线，
水引线结也成了一种很常见的手工门类。
下面介绍几款由基本方法组成的简单、常见、寓意吉祥的水引线结。
无论是用来庆贺新年，
还是用作小饰品，
都很漂亮。

精致的水引小花片

开心做线结

作品制作、指导
森田江里子
水引作家。毕业于女子美术短期大学和日本书道专科学校。2007年成立"和工坊包结"工作室。现在，以东京都为中心，致力于将水引的魅力传往全日本。在宝库学园心斋桥校区、横滨校区担任讲师。著有《可爱的花漾水引》。

水引小花片

从左上开始沿顺时针方向，依次是花环、松、竹、梅、蝴蝶结、镜饼、不倒翁。它们只有2~6cm大小。

制作方法/p.54、55、126

这是新年用的镜饼花样。用作笔托、筷子托的话，小孩子会很喜欢。

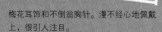

梅花耳饰和不倒翁胸针。漫不经心地佩戴上，很引人注目。

摄影：Yukari Shirai(p.53)
　　　Noriaki Moriya(p.54、55)
设计：Megumi Nishimori

Lesson 基本的编结方法和花片的制作方法

1根水引线长约90cm，等分后，2根或3根合起来编织。

鲍鱼结（淡路结）　　　　梅结　　　　松结

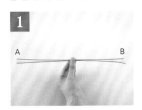

1
将水引线（这里是红色、白色、红色）3等分后对齐，拿好。左手捏着水引线的中心。

2
让A侧沿顺时针方向在下方交叉，制作1个环。3根水引线不要重叠，要平铺着交叉。用左手捏住水引线的交叉部分。

3
步骤2的B侧沿箭头方向转动，再制作1个环，重叠在步骤2中制作的环的上方。

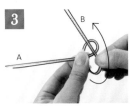

4
用右手捏着重叠部分，继续用左手让水引线交叉，使B侧位于A侧下方。

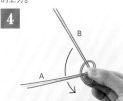

5
交叉时的情形。然后将B侧拉紧，三角形的环（★）收缩后，用左手捏着。

6
步骤5中捏着的样子。用数根水引线编结时，要注意让水引线保持铺平，不要重叠。

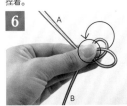

7
B侧端头很散，借助左手稍微整理一下。

8
将B侧3根线对齐拿好，按照上、下、上、下的顺序依次穿过步骤2、3中制作的环。

9
B侧水引线从内侧依次逐根拉紧，将环收紧。

10
最后将外侧水引线拉紧。这样，3根水引线就可以不重叠地编出平整的线结。

11
将左右两边的环和环c向外侧拉，调整环c的大小（①）。然后依次拉紧A侧和B侧，使3个环的大小保持一致（②）。

12
3个环的大小一致，完成。

1
将水引线（这里是红色、白色、红色）3等分后对齐，拿好。编织鲍鱼结。

2
在鲍鱼结环b的☆中穿入A侧水引线。

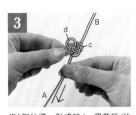

3
将A侧拉紧，形成环d。调节环d的大小，使其和其他3个环相同。

4
然后将B侧水引线穿入步骤3中制作的环d。

5
将B侧收紧，形成环e。至此完成梅结。

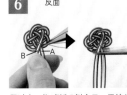

6 反面
翻过来，将A侧和B侧交叉，用铁丝缠绕2圈，拧住固定。为避免危险，将铁丝弯曲并剪断，在距离铁丝5mm处将水引线剪断。

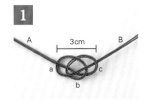

1
将水引线2等分（约45cm）后对齐，在中心编织鲍鱼结，使A侧和B侧长度相同。

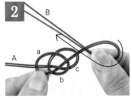

2
用B侧水引线在环c的旁边制作环。

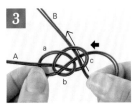

3
直接向左滑动，插入环c下方。

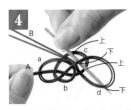

4
从环c向环d按照上、下、上、下的顺序插入牙签压住。

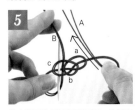

5
将步骤4的线结翻到反面，按照步骤2的方法在A侧制作环。

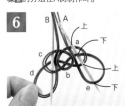

6
按照步骤3、4的方法，在环a和环e中插入牙签压住。

7
使A侧在B侧上方，并与之交叉。

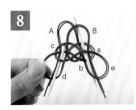

8
A侧插入牙签所在的环c和环d，B侧插入牙签所在的环a和环e。

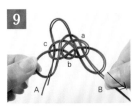

9
抽出牙签，将A侧和B侧拉紧。

10
从距离中心较近的环开始依次向外侧拉，使环收缩，整理好形状。

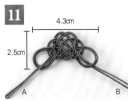

11
整理好了。

12
留下1cm线头剪断，完成。

完成！

叶结（竹）　　　　花环　　　　镜饼

叶结（竹）

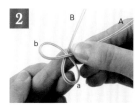

1 将水引线2等分（约45cm）后对齐，在中心制作1个环，使A侧在B侧上方。

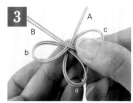

2 用A侧水引线制作环b，使其与环a大小一致。

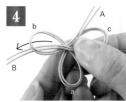

3 捏住交点，B侧用相同方法制作环c。环a至环c成为竹子的3片叶子。

4 将B侧穿入环b。

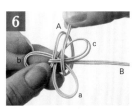

5 然后将B侧向右弯折，放到环c后侧。

6 将A侧折向后侧，从环a中穿过，拉到上面。

7 捏住交叉点，这次将B侧从环c中穿过，从步骤**6**中A侧上方、下方经过，拉向左侧。

8 将A侧和B侧拉紧，整理形状，叶结完成了。正面是"口"字形，反面是"十"字形，所以叫作"叶结"。

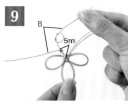

9 用B侧内侧1根线在距离线结5mm处编织单结，然后在距离单结1cm处用剩下的1根线再编织1个单结。

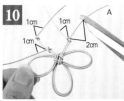

10 A侧用外侧1根线编织单结，然后分别在1cm、2cm处剪断。

11 使用锥子等工具打造尖尖的叶尖。

12 整理好形状，完成。

花环

1 将红色、白色水引线5等分（约18cm），然后将5根线分别对齐，如图所示捏住两端，使水引线呈环形交叉。

2 向左右两边拉，中间会形成一个线结，红色线和白色线连在了一起。

3 形成周长8cm的圆，在2种颜色的水引线交叉处用铁丝缠绕2圈进行固定。为避免危险，将铁丝弯曲并剪断。

4 在梅结反面穿入铁丝。在步骤**3**交叉点反面将铁丝上下拧转固定，然后将铁丝弯曲并剪断。

5 在梅结外侧留1.2cm长的水引线，分别将红色线和白色线剪断，完成。

镜饼

1 将3根2等分后（约45cm）的白色水引线对齐，在中心编织鲍鱼结。

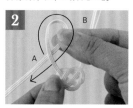

2 将A侧向内侧折叠制作1个环。

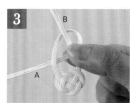

3 将B侧重叠在步骤**2**制作的环上方。

4 将B侧放到A侧下方。

5 将B侧端头整理平整，如箭头所示依次按照上、下、上、下的顺序穿过。

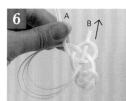

6 正在穿线。将B侧水引线从内侧开始逐根拉好，整理形状。

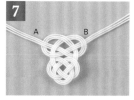

7 整理好了。A侧和B侧分别沿着边缘剪断水引线。

8 上下颠倒一下，镜饼主体完成了。

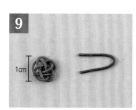

9 取1根4等分（约22.5cm）的橙色水引线，编织梅结，制作酸橙。再准备1根2.5cm的绿色水引线。

10 将绿色水引线两端对齐并涂抹黏合剂，粘贴在酸橙上，用作叶子。

11 在酸橙反面涂抹黏合剂，粘贴在镜饼主体上，用大夹子等夹紧固定。

12 完成。

其他作品的制作方法见p.126

花漾首饰

花朵小饰品
虽然很小巧，却存在感十足。
随意佩戴一样，
就可以让心情变得明媚起来。
从款式上来看，
很容易改变颜色和数量，
将其改造成有自己特色的小饰品，
送给亲友也很棒。

摄影：Ikue Takizawa
设计：Kana Okuda
发型和化妆：Yuriko Yamazaki
模特：kazumi
图样：Lunedi777
撰文：Miku Koizumi

绣球花发饰和
绣球花胸针

使用清雅的白色和色彩微妙的米色等，
钩织令人印象深刻的绣球花花片。
这是兼具可爱和稳重的发饰。
圆形绣球花胸针，颜色一点点变化，
将钩织好的花环固定在配件上。
只需要少许时间，很快就可以编好，
编织花朵花片真快乐。

编织方法/p.116
用线/金票#40蕾丝线

小圆花胸针

不同颜色的圆形花朵配色非常有趣。
款式简单，颇有童趣。
以素色为底色，加入亮色，
就会立即给人眼前一亮的感觉。
可以装饰在基础款的连衣裙或者帽子上。
当然，也可以多编织几个装饰在包包或T恤上，也很漂亮。

编织方法/p.117
用线/蕾丝线#20

氧气罐套

使用青山、碧海花样，
给徒步必备品氧气罐编织一件罐套吧。
OD罐也可以不用瓶套。
CB罐套上瓶套后，还可以当作使用中的氧气罐的标志。

CB罐=便携式氧气罐
OD罐=户外用氧气罐
这里使用的是容量230g的氧气罐

设计/青木惠理子
编织方法/p.118
用线/Queen Anny

Outdoor
适合户外的编织

登山、徒步、户外！
这里介绍的是可以让户外活动
更加快乐的编织小物。

摄影：Ikue Takizawa　设计：Kana Okuda　发型和化妆：YurikoYamazaki　模特：kazumi, Sabatier Hélène　撰文：Miku Koizumi

将抽绳拉紧，还可以做成帽子。

抽绳围脖

把冬天的风景编织成配色花样。
可以使用雅致的灰、白色系编织成人款，
也可以使用明亮的配色，编织适合小孩的围脖。

设计/美佳∗尤佳
编织方法/p.119
用线/Alba

带风帽的马甲

乍暖还寒之际，穿件马甲会很方便。
带风帽的马甲，在户外活动时很常见。
按照相同的制图，还可以编织儿童款。

设计/美佳＊尤佳
编织方法/p.120
用线/SONOMONO Alpaca Wool、SONOMONO Alpaca Wool《中粗》

指尖可以自由活动，很适合在户外活动时佩戴。

两用暖手套

使用北欧风的颜色，编织亲子款。
展开戴上，可以温暖胳膊；
折叠戴上，可以给手腕保暖。

设计/小林由香
编织方法/p.115
用线/Shetland Wool、Soft Lamb

萌萌的、可爱的
动物手指玩偶

动物们穿着好看的彩色毛衣，看起来很开心。
三只小动物在一起很适合玩游戏，
它们的尺寸正好可以套在2根手指上。
看着萌萌的，让人心情愉悦。
毛衣部分的编织方法相同，只是改变了配色。
脸部的基本造型是一样的，只是改变了五官的样子。

摄影：Ikue Takizawa　设计：Kana Okuda　发型和化妆：Yuriko Yamazaki　模特：Sabatier Hélène　撰文：Miku Koizumi

小熊

看起来呆萌呆萌的，满不在乎的表情，圆圆的小嘴，都很有特色。

小猫

这是一只非常有自我意识的小猫。五官略微集中，耳朵是三角形的。

小兔

笑眯眯的小兔子，很能抚慰人心。眼睛、嘴巴，还有长耳朵，都是亮点。

设计/木下步　编织方法/p.63　用线/iroiro

动物手指玩偶的编织方法

材料与工具

小熊： DARUMA iroiro 红色（37）、淡灰色（50）各2g，草绿色（26）1g；极细毛线（刺绣用）白色、藏青色各少量；填充棉少量 棒针3号（4根）

小猫： DARUMA iroiro 橙色（36）3g，乳白色（1）2g，藏青色（12）1g；极细毛线（刺绣用）白色、藏青色各少量；填充棉少量 棒针3号（4根）

小兔： DARUMA iroiro 乳白色（1）、棕色（11）各2g，樱桃粉色（38）1g；极细毛线（刺绣用）白色、黑色各少量；填充棉少量 棒针3号（4根）

成品尺寸

小熊、小猫： 高10cm，宽5cm
小兔： 高10.5cm，宽5cm

编织要点

●主体用手指起针30针，环形编织。参照图示，编织21行身体（中途的配色花样用横向渡线的方法编织）。头部做11行下针编织，顶端一边分散减针，一边编织5行。编织终点最终行穿线2圈并收紧。
●耳朵分别用手指环形起针，起所需要的针数，然后编织指定行数。编织终点最终行穿线2圈并收紧。
●参照组合方法图，分别组合。

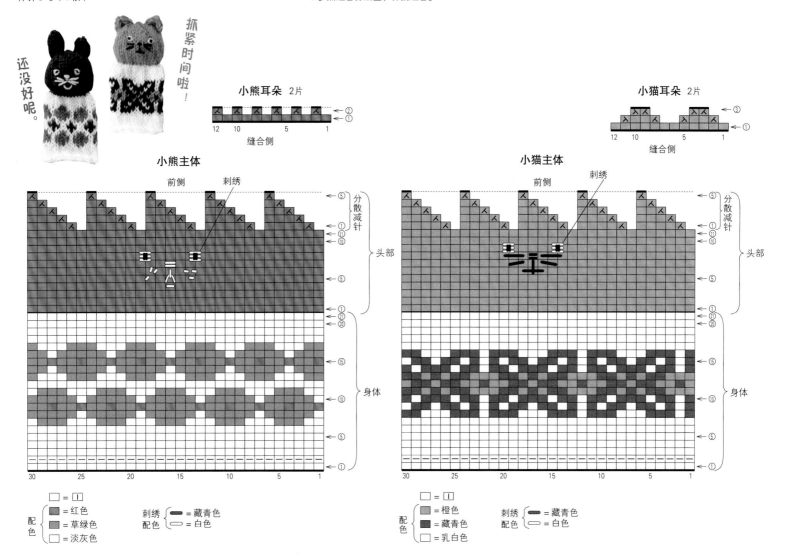

小熊耳朵 2片
小猫耳朵 2片

小熊主体

小猫主体

配色：
□ = □
■ = 红色
■ = 草绿色
□ = 淡灰色
刺绣 ■ = 藏青色
□ = 白色

配色：
□ = □
■ = 橙色
■ = 藏青色
□ = 乳白色
刺绣 ■ = 藏青色
□ = 白色

③分别在指定位置缝上耳朵
④分别在指定位置刺绣眼、口、鼻等

※小兔的编织方法图见p.117

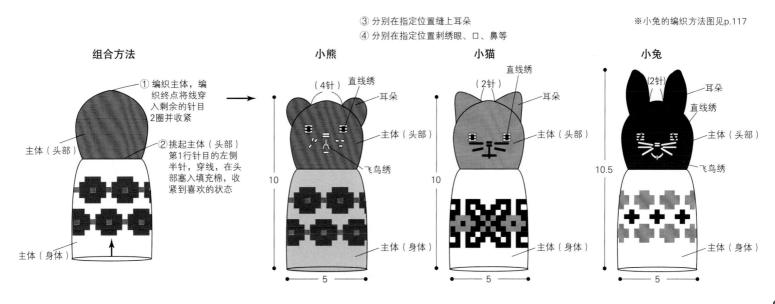

组合方法

①编织主体，编织终点将线穿入剩余的针目2圈并收紧
②挑起主体（头部）第1行针目的左侧半针，穿线，在头部塞入填充棉，收紧到喜欢的状态
主体（头部）
主体（身体）

小熊
（4针）
直线绣
耳朵
主体（头部）
主体（身体）
10

小猫
（2针）
直线绣
耳朵
主体（头部）
主体（身体）
10

小兔
（2针）
耳朵
直线绣
主体（头部）
飞鸟绣
主体（身体）
10.5

宅家也开心！
和孩子一起享受编织

这几年，很多时间都是在家里度过的。
相信很多人都听孩子说起过："想尝试一下手工编织。"
因此，今天要和大家分享的是，可以让居家时间变得更开心的简单编织。
松村忍女士创办儿童手工教室，已经10余年了。
下面，她将给我们分享新手也能快乐编织的小物件。

摄影：Noriaki Moriya　撰文：Akiko Yamamoto

最重要的是编织孩子想要的东西！

松村女士创办儿童手工教室，是因为"希望孩子们从小就能体会到手工的快乐，让更多的人喜欢手工"。最开始的时候，也抱着"教习编织技法"的想法，但是"孩子们都很率真，看他们的表情就知道他们是不是喜欢。所以，现在主要思考教孩子们编织他们想要的、喜欢的东西，在其中融入编织的要点"，松村老师说。在学校里，朋友们看到了，会忍不住欢呼"好可爱！"。当然，也会受到家人的表扬。这种"被周围的人认可后，觉得很开心"的体验，可以大大激发孩子们的兴趣。

新手用起来很方便的材料和工具

松村女士认为，选择容易起针的材料和工具有助于孩子们更好地体验"编织的快乐"和"成就感"。"如果使用不适合线材的针具，就会不太容易编织。不容易编织的话，就没法顺利完成，就会产生诸如'不会''不好玩'的厌烦情绪，从而形成恶性循环。"建议大家去有专门针对初学者进行详细介绍的店员的手工店。说明想编织的东西，或者把包含有意向编织的作品的书给店员看，并且告诉对方自己是初学者，然后店员就会推荐适合的线材，这样令人很安心。然后就是选择适合线的针了。毛线标签上通常都有推荐用针号数，可以参考。

可以随机应变最好！

孩子们个性多样，有的想借助大人的帮助，有的想全部自己独立完成，有的想按照样本编织，有的想改造成有个人特色的……因此，松村女士着重开发那些不过于限制编织方法、可以根据孩子们的性格和个性灵活变化的编织课程。如果恰逢学校事务繁多，就不要勉强孩子们，等有空的时候再继续完成！——尽量陪他们编织到最后，通融一些很重要。"孩子们沉浸其中时，不要苛求他们做得完美，也不要代替他们完成困难的地方，编错的地方只要问题不大就不用去修正。如果因为感觉'真有趣'，产生'还想编织'的想法，就太棒了。"她说。

松村忍女士

设计师、手工作家
除了利用自家住宅开办儿童手工教室之外，还发行了让各类手工领域作家自由发表作品的小型杂志 hao 20年。

孩子们喜欢这些东西！

1 可以带到学校或课外班的东西
（展示给朋友）
发饰、皮筋、零钱包等

2 可以装饰房间的东西
玩偶、壁饰等

3 可以当礼物赠送的东西
（母亲节、父亲节礼物以及送给要转学的朋友的礼物等）
发饰、皮筋、小包等

这些东西现在很不流行……

用途不明的东西
和自己没法用的东西
花瓶垫等铺着的东西、手编无檐帽（只能在滑雪的时候戴）、胸针、雏菊等大人喜欢编织的东西，小孩子们不太喜欢……

孩子在手工教室上课的情景

手工教室中孩子们的作品

熟习基本针法后，就可以尝试这种编织玩偶了！

孩子们自己思考配色，即使编织同一款东西，也能体现他们不同的个性。

推荐编织的东西

成品尺寸要求不严格的东西

小孩的手劲儿不稳定，那些有着严格的尺寸要求的作品，对他们来说太难了。

单纯地重复操作就可以完成的东西

不断重复已经掌握的步骤，就可以变得熟练。如果不断有新的编织方法出现，会很容易让人混乱。

短时间内可以完成的东西

忽然让人编织大件物品，会很容易受挫。很短的时间就可以完成，然后孩子们就会期待下次，这种期待的心情很重要。

▶ p.65 我们将介绍满足这些条件的、适合和孩子一起编织的小物件！

乐享亲子编织的美好时光！

松村女士认真设计了5款适合孩子们编织的物件，初学者在享受编织乐趣的同时，还可以在不知不觉中提高编织水平。

Step1中编织的发圈，由松村女士的朋友大山麻美子女士和女儿一起挑战！

参加这次挑战的是大山麻美子女士和她的女儿桃叶（当时读小学4年级）。麻美子"在很多年以前曾经学过一点钩针编织，但已经忘完了"，桃叶是第一次拿钩针，她们可以说是新手二人组。

Step 1 锁针

花朵发圈

它只用钩针编织中最基础的锁针针法就可以完成，非常简单。使用段染线钩织，非常可爱。

编织方法/p.122
用线/腈纶段染线

推荐理由 point

- 只需锁针即可完成
- 可以带到学校
- 段染线非常受女孩欢迎！

1根线由数种颜色构成，在编织中会一点点呈现新颜色，很有趣。

编织新手桃叶和麻美子。松村女士的讲解非常容易理解，而且在编织中经常表扬她们"织得很好！""可以，快织好了"等，她们很快就被吸引了。

来吧，一起编织吧！

1 从拿线的方法开始讲解。

将线挂在左手手指摆成小狐狸造型的小指和食指上。然后，这是用「鼻子」拿着线。是「狐狸的耳朵」。

4 麻美子坐在正和松村老师一起努力编织的桃叶旁边，她正默默地编织着。

锁针，编好了！

7 掌握编织要领之后，很快就完成了3片花瓣。然后再做5片。

色彩斑斓的样子，很好看！

11 麻美子制作花瓣时，桃叶在一旁指导，竟然很像一个小老师。松村老师很惊讶！

2 "就像从隧道出来一样，将针拉出来"。二人在认真地听老师讲解。

8 "将针插入第9针、第10针。我已经会了！好简单！"

做好了！

麻美子 我女儿是第一次接触钩针编织，开始时她还很紧张，但她很快就学会了，还反过来教我怎么编，真令人惊喜。编织过程中老师一直在指导我们，整个过程很开心。
桃叶 老师的讲解非常容易理解，我学得很开心。和妈妈一起编织，我很开心，而且还可以多做几个送给朋友。
松村老师 桃叶小姑娘很快就学会了，我很惊讶。编织不占地方，可以在很轻松的环境下完成。读者朋友们一定记得和孩子一起尝试一下哟。

3 老师手把手地教"不会把针拉出来"的桃叶钩织，很快，桃叶的脸上露出明媚的笑容："会了，会了，我会自己钩了！"

5 将锁针连成花瓣。松村老师正在教她们将线穿入毛线缝针的方法。

6 然后将毛线缝针插入针目，缝成花瓣。桃叶，超认真！

9 完成花朵主体后，继续选择一个喜欢的松紧圈。桃叶正在挑选喜欢的颜色。

完成了！

10 桃叶非常开心，麻美子也很开心。

明天，戴着它去上学，还可以戴！

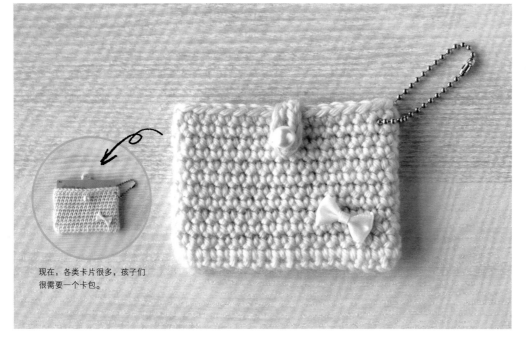

卡包和钥匙包

掌握锁针的钩织方法后，接下来就可以学习短针了。锁针只能钩织"线"，短针可以完成"面"。学会短针，可以织的东西会多很多！

编织方法/p.122、123
用线/纯毛极粗·2（卡包）、Soft Merino（钥匙包）

现在，各类卡片很多，孩子们很需要一个卡包。

让人心情大好的装饰品

把织好的作品用好看的小东西装饰一下，也是孩子们非常感兴趣的事情。不需要很贵，颜色漂亮的花朵、字母等也都很招小朋友喜欢。用黏合剂粘贴时，要根据装饰品的材质选择合适的黏合剂。

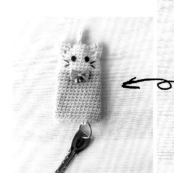 

可爱的猫咪钥匙扣。孩子们非常喜欢动物形象相关的设计。

推荐理由 point
- 没有立织针目，一圈一圈钩织即可，还可以用心练习短针
- 编织好以后可以随身携带，方便向人展示
- 通过选择喜欢的颜色，装饰上喜欢的小东西，享受原创的乐趣

编织要点 point

松松地起针，第1行会比较容易挑针。"如果不好挑针，会很容易令人泄气。"松村老师说。

第2行挑起锁针的半针和里山钩织。"让孩子们用最简单的方法编织。"

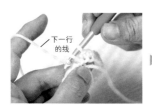 

每隔1行换线1次，每一行最后的针目在引拔时要换成下一行的线。

每隔1行形成条纹，行的交界处一目了然。选择喜欢的颜色编织，对孩子们来说是一件很开心的事情。

短针应用篇

推荐理由 point
- 简单地重复钩织就可以完成
- 女孩子非常喜欢白色
- 圈圈线给人的感觉很高级

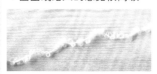

线上时不时出现一个个的圈圈。圈圈线很受女孩子欢迎！

圈圈线很容易钩织，不用着急，悠然地钩织即可。在拉线时不要使蛮力，将线整理好。

把卡包编大一点
挎包 挑战

挎包的编织方法和卡包相同。稍微耐心一点，就完成了一款真正的挎包。奶油色平直毛线和白色圈圈线，每隔1行换线钩织，就可以了。

编织方法/p.122
用线/纯毛极粗·2、Rabbits

斜挎在肩上很方便！

松村老师说："白色是女孩子非常喜欢的颜色。"因为挎包较卡包要大很多，可以在上面多装饰一点小东西，这点很受女孩子欢迎。桃叶也觉得它很好看，迫不及待地想要挎上。

看这里你就明白了
儿童喜欢触感轻柔的毛线

类似这样的线很受欢迎

啊，滑滑的、软软的！
想用这种线编织！就是它！

但是！

这种线编起来很费劲

花式毛线的毛足较长，不容易看清针目，大人也经常会数错针数、行数，慎入。

▶虽然很不好编，但松村老师还是想尽办法设计了一款可以让孩子们使用喜欢的线享受编织乐趣的作品，那就是 Step3 的围巾！

桃叶小朋友也来挑战穿线了！

可以在孔中穿入穿出吗？

一点一点地拉好

用手将线穿入编织花样的孔中即可，非常简单。"穿入前面2个孔，从相邻的孔中穿出来"，以这个规则来穿线，很容易。桃叶得很熟练（上图），每次穿好后，都会和麻美子一起将线拉好，二人穿得不亦乐乎。

迷你亲子围巾

这是一款非常亲肤的围巾，编织过程也充满乐趣。而且，编织完也很有成就感。孩子们喜欢的要素全部具备，而且还可以和妈妈一起编织亲子款，是非常难得的一款围巾。

编织方法/p.123
用线/Rabbits、MARBLE CAT（成人款），基础极粗、Yume Corn（儿童款）

推荐理由 point

● 使用了孩子非常喜欢的柔软花式毛线
● 用粗针钩织，速度很快
● 和妈妈一起编织亲子围巾，很开心

一起戴着亲子围巾。

我很喜欢和妈妈一起戴着亲子围巾。

选择喜欢的颜色和线，用相同的编织方法完成亲子款围巾。

编织要点 point

用极粗平直毛线编织好基础织片（左图）。用花式毛线钩织锁针辫（上图），然后穿入基础织片的孔中。不用在意锁针的针数，只要钩织140cm长即可。还可以母女分工合作，由妈妈编织基础织片。

※ 图中只是样本，比实际编织尺寸短

长针要成束挑起前一行的锁针钩织，很方便。

从反面看的话，可以清晰地看到花式毛线从基础织片的孔中穿过。

端头用锁针做成流苏。缝上2颗纽扣，利用编织花样的孔当扣眼。

360° 全视角观察!
编织玩偶手工俱乐部

本期的编织玩偶,从表情到姿势,
从编织方法到线材,全方位详细给大家解说。
让每个作品魅力倍增的特色小物件,也非常引人注目。

摄影:Yukari Shirai 设计:Megumi Nishimori 撰文:Sanae Nakata

成员编号… **106**

草莓蛋糕和小伙伴们

在7号蛋糕(直径21cm)上,装饰精神百倍、
快乐游戏的小动物们。例如,一不小心掉下
来的小老鼠抓着老鼠妈妈的尾巴得救了。用
蕾丝线编织活灵活现的动物,多方位享受编
织的乐趣。
设计/ KAI AOI

在海绵底座上编织奶油涂层,编
织好草莓后用珠子装饰一番。然
后我们将做游戏的动物们放大看
一下。❶狸猫正在用蜡烛的火
苗烤红薯。❷老鼠看中了雪人
身上的椒盐卷饼。❸小狗用竹
签玩拔河。❹驯鹿接住了掉下
来的蜡烛。❺小猪兄弟在打雪
仗。❻小熊在海绵蛋糕屋中做
编织,小羊给它提供毛线。里面
还可以设置烛光。

变化

用龙虾扣将一只只小老鼠连接起来，可以装饰钥匙扣。在配色上逐渐加深。

成员编号…107

散步的小仓鼠

在向日葵园散步的仓鼠好朋友。它们手里都拿着向日葵，看起来很开心。完美再现了仓鼠的姿态。

设计/happysmile

成员编号…108

调皮的小老鼠

钩织时不剪线，一气呵成。爪子、耳朵、尾巴都是在编织过程中完成的。它们嘴里都衔着自己的宝贝。

设计/POTEPOTE

背影

帽子是可分离式的。从背后看它们的样子也很可爱。向日葵的背面也很漂亮。

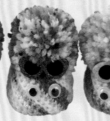

成员编号…109

时尚小妖精

用段染袜子线编织时尚的小妖精。毛绒绒的头和太阳镜是亮点，滴溜溜的眼睛也很有趣。

设计/meg*k

成员编号…110

下雨天的小兔子

小兔子拿着一片大叶子当作雨伞，保持身体平衡还是有点不容易的。在眼睛和直立的耳朵等细节之处要用心。

设计/dear deer

背影

凸出来的小尾巴很可爱。叶子也很逼真！

侧面

成员编号…111

恐龙宝宝的水果派对

今天要开派对。恐龙宝宝们拿着喜欢的水果集合了。它们的眼睛还带着朦胧睡意，身体胖墩墩的。

设计/hapisuke

这两只小恐龙的背部有隆起。

上/有代表性的传统服饰。男性穿着"卓卡",腰扎皮带,足蹬皮靴,身佩短剑。女性穿着被称作"Arkhalig"的上衣,衣袖开衩至上臂。下/格鲁吉亚西北部斯旺人的女性服装。

外高加索地区的国度——格鲁吉亚的手工艺

格鲁吉亚的传统服饰和手编袜子

Georgian national costume & knitted socks

格鲁吉亚位于连接欧洲和亚洲的外高加索中西部,作为丝绸之路的必经之地而繁荣起来。在这个多元文化融合发展的国度,留下了哪些传统的编织?在格鲁吉亚驻日大使馆,我采访了大使。

撰文:Sanae Nakata
采访协助、摄影:格鲁吉亚驻日大使馆、Samoseli Pirveli、Shilda Winery
特别感谢:Anna Ninua(总负责人:Samoseli Pirveli)

Socks

袜子

在格鲁吉亚,配色编织的袜子叫作guest-reception socks。配色和编织花样都有无限可能。

搭配现在的鞋子也很漂亮!

传统服装下隐藏的是高密度的配色编织袜子

格鲁吉亚北接俄罗斯,南临土耳其,是世界上最古老的葡萄酒产区之一。近几年,那里的传统服装吸引了很多日本人的注意力。契机是,在2019年日本德仁天皇"即位礼正殿之仪"上,格鲁吉亚临时驻日特命全权大使 Teimuraz Lezhava 身穿传统服装"卓卡"。"'卓卡'是格鲁吉亚男性穿的正装,特征是胸前配有弹带式胸饰。它曾经在格斗时穿着,因此代表着格鲁吉亚人的骄傲。"大使说。还有一种说法是,它是宫崎骏动画《风之谷》中的服装原型。和男性服装的硬派设计不同,女性传统服装则以刺绣精美的裙子为中心。

在搜集格鲁吉亚传统服装相关的资料时,我竟然发现了编织绝品!那是用纤细的毛线织成的配色编织袜子。它大约是重大场合不可或缺的元素,据说女性经常把它和皮革材质的拖鞋搭配穿着。还有叫作"Pachichi"的暖腿套,男性也会把它和长筒靴搭配穿着。

纤细的配色编织起来颇费工夫,现在已经很少有人愿意织了,但作为格鲁吉亚的手工艺,大使希望它能够被人们重视起来。在山与山之间,还有完全不同的民族服装。格鲁吉亚,还值得我们进一步去发现。

资料
国名　格鲁吉亚
面积　69 700平方公里
首都　第比利斯
时差　比北京晚4小时

格鲁吉亚简介

这里有绵延的群山（高加索山脉）和壮美的大海（黑海），是一个自然风光优美、国土资源丰富的国家。

1 首都第比利斯全景。历史和新文化在这里融合，有很多观光热点。
2 名吃Kinkhali，是格鲁吉亚风情的小笼包。
3 有8000年以上的葡萄酒生产历史。

Tushetian chiti

鞋袜

外高加索地区由来已久的羊毛鞋。
由植物染色的朴素的天然羊毛线织成。

Pachichi

暖腿套

从脚踝到膝盖，可以起到很好的保暖和装饰效果。
既有布做的，也有手编的，男女都可以穿。

National costumes

传统服装

格鲁吉亚的传统服装非常漂亮。
现在也经常在结婚典礼和民族舞蹈等场合穿着。

胸口有用来装枪弹的弹带式胸饰！

格鲁吉亚驻日大使Teimuraz Lezhava和格鲁吉亚的总统祖拉比什维利的正装身姿。

女性穿的束腰A形长裙。图为舞蹈服饰。

男性穿的长袍"卓卡"是非常有代表性的传统服装。颜色有白色、黑色、酒红色等。

搭配什么样的鞋子呢？

配色编织的毛袜和长筒暖腿套分别有与之搭配的经典鞋子。女性搭配华丽的拖鞋式鞋子，男性通常搭配无跟鞋。

右/女性穿的半口高跟拖鞋。用金丝线刺绣，非常漂亮。
左/男性穿的无跟皮靴。

古时候用树皮编织的鞋子和简单的皮靴。

Information

旅行

传统服装

编织 的Q和A

这里是编织答疑专栏。
本期讲解的是编织方法图的看法和镂空花样的相关知识。

 Q 毛衣的编织方法图是如何表现的？

 Q 编织镂空花样时，
经常一不小心针目就对不上了。
有什么诀窍吗？

A 镂空花样通常是通过加针
和将数针减为1针的方法，
来实现总体针数保持不变。
如果还不熟练，一定要认真数。

A 如下图所示。

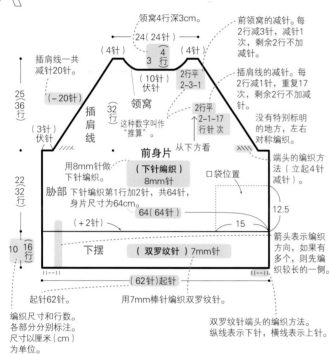

领窝4行深3cm。

前领窝的减针。每2行减3针，减针1次，剩余2行不加减针。

插肩线一共减针20针。

插肩线的减针。每2行减1针，重复17次，剩余2行不加减针。

没有特别标明的地方，左右对称编织。

这种数字叫作"推算"。

从下方看

端头的编织方法（立起4针减针）。

插肩线

领窝

前身片

用8mm针做下针编织。

□袋位置

胁部 下针编织第1行加2针，共64针，身片尺寸为64cm。

箭头表示编织方向，如果有多个，则先编织较长的一侧。

下摆 （双罗纹针）7mm针

（62针）起针

起针62针。

用7mm棒针编织双罗纹针。

双罗纹针端头的编织方法。纵线表示下针，横线表示上针。

编织尺寸和行数。各部分分别标注。尺寸以厘米（cm）为单位。

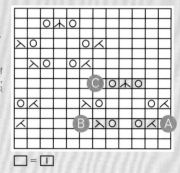

| 挂针 — 加针方法 |
| 左上2针并1针 |
| 右上2针并1针 |
| 中上2针并1针 |

将针数减为1针的方法

镂空花样的编织诀窍

加针时编织挂针，减针时编织2针并1针，它们是要成对出现的。虽然中途发生了加针、减针，但只要没有特别说明，总针数是不变的。

镂空花样的编织符号图（例）

※挂针和2针并1针并非总是成对出现。通常，每行的针数是相同的，但有时遇到复杂的情况，也会编织数行后，针目才调整到一致

 Q 这种身片编织方法图领窝以上该怎么织呢？
不知道该向哪边编织！

A 用从下面编过来的线继续编织织片右半部分，然后加新线，做伏针后编织左半部分。

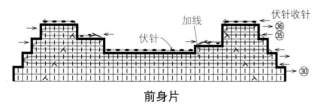

伏针收针
加线
伏针

前身片

 **A** ○╲ 左上2针并1针和挂针

1 编织左上2针并1针减1针，编织挂针加1针。

2 左上2针并1针和挂针组合。

 **B** ╱○ 挂针和右上2针并1针

1 用挂针加1针，后面2针编织右上2针并1针，即减1针。

2 挂针和右上2针并1针组合。

 **C** ○╳○ 挂针和中上3针并1针

1 编织挂针加1针。

2 编织中上3针并1针来减2针。

3 再次编织挂针，实现1针加针。

4 2针挂针和中上3针并1针组合。

编织的基础知识和作品的制作方法

钩针

钩针的拿法、挂线的方法

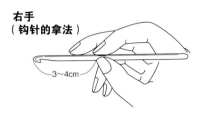

右手
（钩针的拿法）

3～4cm

用拇指和食指轻轻地拿着钩针，再放上中指。

左手
（挂线的方法）

1 将线穿到中间2根手指的内侧，线团留在外侧。

2 若线很细或者很滑，可以在小指上绕1圈。

拉紧备用

3 食指向上抬，将线拉紧。

符号图的看法

往返编织

所有种类的针目均使用符号表示（参见编织针目符号）。将这些符号组合在一起就成为符号图，是在编织织片（花样）时需要用到的。符号图标示的都是从正面看到的样子。但实际编织的时候，有时会从正面编织，有时也会将织片翻转后从反面编织。

看符号图的时候，我们可以通过看立织的锁针在左侧还是右侧来判断是从正面编织还是从反面编织。当立织的锁针在一行的右侧时，该行就是从正面编织的；当立织的锁针在一行的左侧时，该行就是从反面编织的。看符号图时，从正面编织的行总是从右向左看的；与之相反，从反面编织的行是从左向右看的。

从中心开始环形编织（花片等）

在手指上绕线，环形起针，像是从花片的中心开始画圈一样，逐渐向外编织。

基本方法是，从立织的锁针开始，向左一行一行地编织。

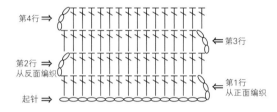

第4行→
第3行←
第2行→
从反面编织
第1行←
从正面编织
起针→

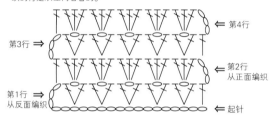

第4行←
第3行→
第2行←
从正面编织
第1行→
从反面编织
起针←

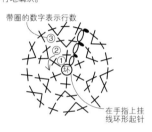

带圈的数字表示行数

在手指上挂线环形起针

锁针起针的挑针方法

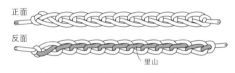

正面

反面

里山

锁针的反面，线呈凸起状态。我们将这些凸起的线叫作"里山"。

从锁针的里山挑针

挑针后，锁针正面的针目会保留下来，非常平整。适合不做边缘编织的情况。

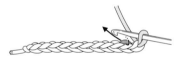

从锁针的半针和里山挑针

这种方法比较容易挑取针目，针目也比较端正。适合镂空花样等跳过几针挑针的情况，或是使用细线编织的情况。

在手指上挂线环形起针

线头

线团一侧

1 将线头在左手的食指上绕2圈。

按住

2 按住交叉点将线取下，注意不要让线环散开。

3 换左手拿线环，在线环中插入钩针，挂线后从线环的中间拉出。

4 再次挂线，引拔。

将锁针连接成环形起针

1 钩织所需针数的锁针，将钩针插入第1针锁针的半针和里山。

2 挂线，引拔。

引拔后的针目

3 锁针连成了环形。

5 在线环上就有了1个针目。但是这一针不计入针数中。

将中心收紧

6 拉线头，线环的2根线中有1根（●）会活动。

7 拉活动的那根线，将另一根线（★）收紧。

8 再次拉线头，收紧靠近线头的线（●）。

插入挑针和成束挑织

编织方法不同，但即使针数不同，基本方法是一致的。

编织符号图根部如果连在一起，则插入前一行的针目挑针钩织；如果是分开的，则成束挑起前一行的针目钩织。

插入挑针　　　成束挑织

钩针编织的基础针法

锁针

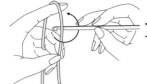
1 将钩针放在线的后面，如箭头所示转动1圈。

2 如箭头所示转动钩针，挂线。

用拇指和中指捏住

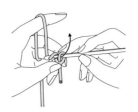
3 将线拉出。

4 拉线头，收紧线环。这是最初的针目，不计入针数中。

拉紧

5 如箭头所示转动钩针，挂线。

6 将线拉出。

7 1针锁针完成。然后继续重复"挂线，拉出"。

1针锁针

短针

＋（✕）

1 如箭头所示，插入钩针。

2 在针上挂线，如箭头所示将线拉出。

3 此时的状态叫作"未完成的短针"。再次在针上挂线，引拔穿过2个线圈。

4 1针短针完成。

引拔针

●

在前一行针目的头针2根线里插入钩针，挂线后引拔。

中长针

┬

1 在针上挂线，如箭头所示插入钩针。

2 在针上挂线，如箭头所示将线拉出。

3 此时的状态叫作"未完成的中长针"。再次在针上挂线。

4 一次引拔穿过针上的3个线圈。

5 1针中长针完成。

短针的条纹针

±

看着正面钩织时，在前一行针目头针的后面半针里挑针，钩织短针，前面的半针呈条纹状保留下来。看着反面钩织时，则挑起前面半针。

※中长针、长针等的条纹针，虽然钩织方法不同，但是基本要领是一样的，都是挑取半针钩织

长针

┬（with bar）

1 在针上挂线，如箭头所示插入钩针。

2 在针上挂线，如箭头所示将线拉出。

3 在针上挂线，引拔穿过针头的2个线圈。此时的状态叫作"未完成的长针"。

4 在针上挂线，引拔穿过剩下的2个线圈。

5 1针长针完成。

短针的棱形针

±

总是在前一行针目头针的后面半针里挑针，钩织短针。每一行改变编织方向（使条纹交互出现）。

长长针

┬（double bar）

1 在针上绕2次线，如箭头所示插入钩针。

2 挂线后拉出。再在针上挂线，引拔穿过针头的2个线圈。

3 再次挂线，引拔穿过针头的2个线圈。

4 再次挂线，引拔穿过剩下的2个线圈。

1针放2针短针

∨

1 在前一行针目头针的2根线里挑针，钩1针短针。

2 在同一个针目中入针再钩织1针短针（加了1针）。

※长针、枣形针等的加针，虽然钩织方法不同、针数不同，但是基本要领是一样的，都是在前一行的同一个针目里钩入多个针目

反短针

∼＋

1 立织1针锁针，如箭头所示转动钩针，从前向后插入前一行锁针头部的2根线。

2 钩针在线的上方挂线，然后直接拉到织片前面。

3 在钩针上挂线，按照箭头的方向，一次性地从2个线圈中引拔出来，钩织短针。

4 反短针钩织完成。

2针并1针短针

⋀

1 挂线后拉出。在下一个针目里插入钩针，同样挂线后拉出。

2 再次在针上挂线，引拔穿过针上的3个线圈。

3 2针并1针短针完成（减1针）。

3针长针的枣形针

1 钩织未完成的长针，然后在同一个针目中再钩织2针未完成的长针。

2 钩织3针未完成的长针后，在针上挂线，一次引拔穿过针上的4个线圈。

3 3针长针的枣形针完成。

变化的2针中长针的枣形针

1 在同一个针目里钩织2针未完成的中长针，在针头挂线后引拔穿过4个线圈（剩下最右边的线圈）。

2 再在针上挂线，引拔穿过剩下的2个线圈。

3 变化的2针中长针的枣形针完成。

※中长针、长针等的枣形针，虽然钩织方法不同、针数不同，但是基本要领是一样的，都是钩指定针数的未完成的针目后，一次引拔穿过所有线圈
※如果符号图的根部是连在一起的，在前一行的1个针目里插入钩针钩织；如果符号图的根部是分开的，则成束挑起前一行的锁针针目钩织

5针长针的爆米花针

1 在1针上钩织5针长针，然后抽出钩针，插入第1针长针的头部和抽出的针目。

2 将抽出的针目从第1针长针的头部拉出。

3 再钩织1针锁针，将针目收紧。

3针长针并1针

1 在锁针的里山钩织1针未完成的长针，然后继续钩织2针未完成的长针。

2 再次挂线，从钩针上挂的4个线圈中一次性引拔穿过。

3 3针长针并1针完成（减2针）。

※中长针、长针等，虽然钩织方法不同、针数不同，但是基本要领是一样的，都是钩指定针数的未完成的针目后，一次引拔穿过所有线圈。从反面钩织时，第1行从后向前入针
※如果符号图的根部是连在一起的，在前一行的1个针目里插入钩针钩织；如果符号图的根部是分开的，则成束挑起前一行的锁针针目钩织

长针的正拉针

  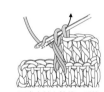

1 在针上挂线，然后如箭头所示，从前面插入钩针，挑取前一行针目的整个尾针。

2 在针上挂线后拉出，将线拉得稍微长一点。再次挂线，引拔穿过针上的2个线圈。

3 再次在针上挂线，引拔穿过剩下的2个线圈（钩长针）。

4 长针的正拉针完成。

长针的反拉针

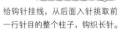

给钩针挂线，从后面入针挑取前一行针目的整个柱子，钩织长针。

※短针、中长针、长长针、枣形针等的拉针，虽然钩织方法不同、针数不同，但是基本要领是一样的。注意钩子的方向，要在符号图中钩子所在的地方，用钩针挑起整个柱子钩织

棒针

线和棒针的拿法

法式
这是将线挂在左手食指上的编织方法，合理动用10根手指，可以快速编织。建议初学者使用这种方法。

 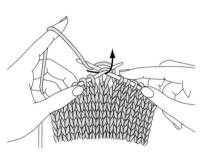

棒针的法式拿法是左手用拇指和中指拿针，无名指和小指自然地放在后面。右手的食指也放在棒针上，可以调整棒针的方向，同时按住边上的针目以防止脱出。用整个手掌拿着织片。

正确的针目状态

下针　　　上针

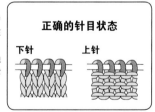

挑起另线锁针的里山起针

用编织线和另线钩织锁针，从里山挑针开始编织。
然后解开针目挑针，可以向另一侧编织。这种方法很适合不容易起毛、手感光滑的夏线。

 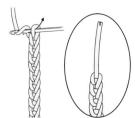 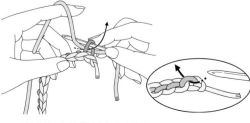 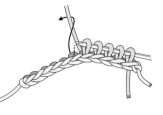

1 参照p.74，使用比棒针大2号的钩针，钩织比所需要的针数略多的锁针。

2 最后再次挂线并引拔，将线头抽出并剪断。

3 将棒针插入另线锁针编织终点的里山，用编织线挑针。

4 逐针从里山挑针，挑起所需要的针数。

手指挂线起针

这种起针方法很简单，除了编织用线和针之外不需要其他任何工具。使用这种方法起的针目具有伸缩性，比较薄，而且很平整。起好的针目就是第1行了。

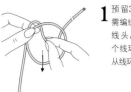

1 预留3倍于所需编织宽度的线头，制作1个线环，将线从线环中拉出。

2 穿入2根棒针，拉线，收紧线环。

拉2根线，收紧线环

3 第1针完成的状态。将线头一侧的线挂在左手的拇指上，将线团一侧的线挂在左手的食指上。

挂在食指上　挂在拇指上

4 按照图上1、2、3的顺序，转动棒针进行挂线。

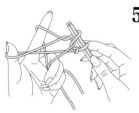

5 放开挂在拇指上的线。

6 如箭头所示插入拇指，拉紧针目。

7 第2针完成。重复步骤4~6。

8 起针完成。这就是第1行。抽出1根棒针后再编织第2行。

棒针编织的基础针法

下针 `|` 　　**上针** `—` 　　**挂针** `○` 　　　　**扭针** `Q`

1 如箭头所示，将右棒针从后面插入，使针目扭转。

2 在右棒针上挂线，编织下针。下面一行针目的根部呈扭转状态。

右上2针并1针 `⟋`

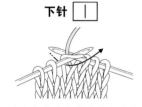

1 将右棒针从前面插入右边的针目里，不编织，直接将该针目移至右棒针上。

不编织，直接移至右棒针上

2 在左边的针目里编织下针。

3 用左棒针挑起刚才移至右棒针上的针目，将其覆盖至步骤2中所织的针目上。

覆盖

4 覆盖后，退出左棒针。

5 右上2针并1针完成。

左上2针并1针 `⟍`

1 如箭头所示，将右棒针从左边一次性插入2个针目里。

2 挂线后拉出，在2个针目里一起编织下针。

上针的左上2针并1针 `⟍`

1 如箭头所示，将右棒针从右边一次性插入2个针目里。

2 在右棒针上挂线后拉出，在2个针目里一起编织上针。

3 上针的左上2针并1针完成。

上针的右上2针并1针 `⟋`

1 如箭头所示插入右棒针，将针目移至右棒针上。

2　1

2 如箭头所示插入左棒针，将针目移回到左棒针上。2个针目交换位置后，右边的针目出现在前面。

3 如箭头所示插入右棒针。

4 在2个针目里一起编织上针。

5 上针的右上2针并1针完成。

右上3针并1针 `⟋|`

1 右边1针不编织，直接移至右棒针上。

不编织，将1针移至右棒针上

2 从左向右一次性插入后面2针。

2针一起

3 2针一起编织下针。

4 用移过来的针目覆盖刚才编织的针目。

覆盖

5 右上3针并1针完成。

使用毛线缝针挑针缝合···p.79　盖针接合···p.79　引拔接合···p.121　对齐针与行缝合···p.84　下针的无缝缝合···p.92　卷针收针···p.82
扭针加针···p.84　卷针加针···p.84　横向渡线编织配色花样···p.89　穿过左针的盖针（铜钱花）···p.88

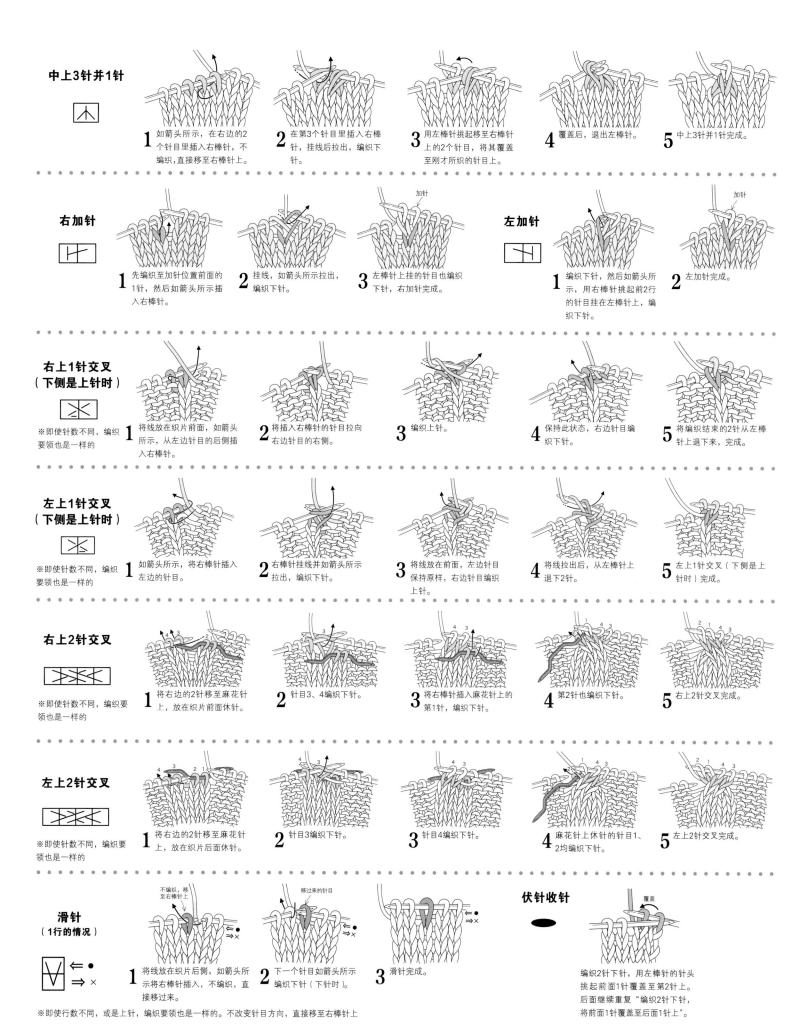

中上3针并1针

1 如箭头所示，在右边的2个针目里插入右棒针，不编织，直接移至右棒针上。

2 在第3个针目里插入右棒针，挂线后拉出，编织下针。

3 用左棒针挑起移至右棒针上的2个针目，将其覆盖至刚才所织的针目上。

4 覆盖后，退出左棒针。

5 中上3针并1针完成。

右加针

1 先编织至加针位置前面的1针，然后如箭头所示插入右棒针。

2 挂线，如箭头所示拉出，编织下针。

3 左棒针上挂的针目也编织下针，右加针完成。

左加针

1 编织下针，然后如箭头所示，用右棒针挑起前2行的针目挂在左棒针上，编织下针。

2 左加针完成。

右上1针交叉（下侧是上针时）

※即使针数不同，编织要领也是一样的

1 将线放在织片前面，如箭头所示，从左边针目的后侧插入右棒针。

2 将插入右棒针的针目拉向右边针目的右侧。

3 编织上针。

4 保持此状态，右边针目编织下针。

5 将编织结束的2针从左棒针上退下来，完成。

左上1针交叉（下侧是上针时）

※即使针数不同，编织要领也是一样的

1 如箭头所示，将右棒针插入左边的针目。

2 右棒针挂线并如箭头所示拉出，编织下针。

3 将线放在前面，左边针目保持原样，右边针目编织上针。

4 将线拉出后，从左棒针上退下2针。

5 左上1针交叉（下侧是上针时）完成。

右上2针交叉

※即使针数不同，编织要领也是一样的

1 将右边的2针移至麻花针上，放在织片前面休针。

2 针目3、4编织下针。

3 将右棒针插入麻花针上的第1针，编织下针。

4 第2针也编织下针。

5 右上2针交叉完成。

左上2针交叉

※即使针数不同，编织要领也是一样的

1 将右边的2针移至麻花针上，放在织片后面休针。

2 针目3编织下针。

3 针目4编织下针。

4 麻花针上休针的针目1、2均编织下针。

5 左上2针交叉完成。

滑针（1行的情况）

1 将线放在织片后侧，如箭头所示将右棒针插入，不编织，直接移过来。

2 下一个针目如箭头所示编织下针（下针时）。

3 滑针完成。

※即使行数不同，或是上针，编织要领也是一样的。不改变针目方向，直接移至右棒针上

伏针收针

编织2针下针，用左棒针的针头挑起前面1针覆盖至第2针上。
后面继续重复"编织2针下针，将前面1针覆盖至后面1针上"。

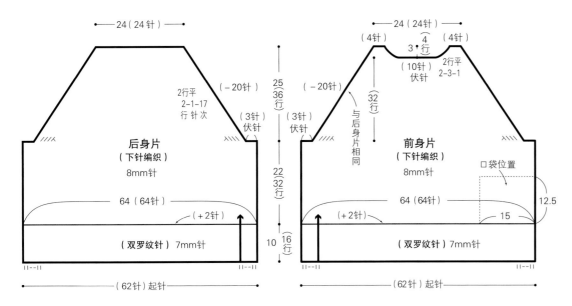

p.3
带口袋的毛衣

材料与工具
后正产业 Koti 薰衣草灰色混合（01）570g
棒针 8mm、7mm
钩针 10/0 号（伏针用）

成品尺寸
胸围 128cm，衣长 57cm，连肩袖长 75.5cm

编织密度
10cm×10cm 面积内：下针编织 10 针，14.5 行；
桂花针 9.5 针，13 行

编织要点
● 后身片、前身片手指挂线起针 62 针，编织双
罗纹针。然后编织 2 针加针，做下针编织。插肩
线减针时，立起端头 4 针减针。编织终点做伏针
收针。
● 衣袖和身片起针方法相同，然后编织双罗纹针。
加针 3 针，编织桂花针。袖下在端头 1 针内侧编
织扭针加针。插肩线做下针编织至端头 4 针时，
立起 4 针减针。编织终点做伏针收针。
● 胁部、插肩线、袖下使用毛线缝针挑针缝合。
● 口袋做下针编织，缝合在指定位置。
● 衣领编织 3 行桂花针，做伏针收针。

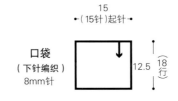

口袋
（下针编织）
8mm 针

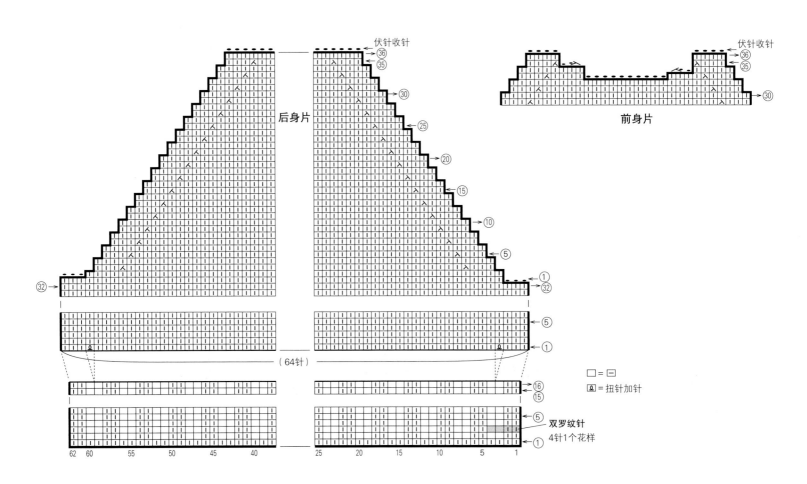

□ = ⊟
⊡ = 扭针加针

衣袖

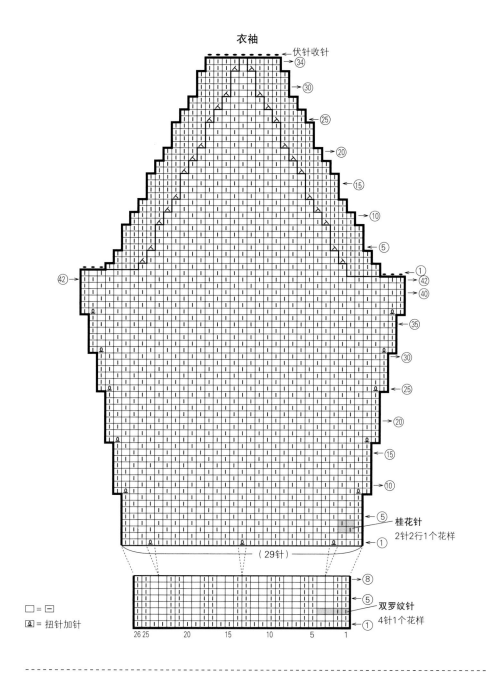

伏针收针
㉞
→㉚
→㉕
→⑳
→⑮
→⑩
→⑤
→①
㊷→ →㊷
→㊵
→㉟
→㉚
→㉕
→⑳
→⑮
→⑩
→⑤
→①

⑤ 桂花针
2针2行1个花样

（29针）

□ = □
回 = 扭针加针

⑧
→⑤ 双罗纹针
→① 4针1个花样

26 25　　20　　15　　10　　5　　1

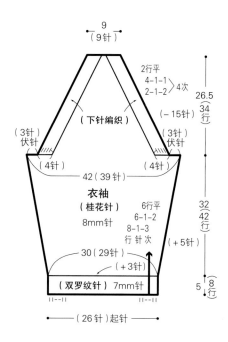

9
（9针）

2行平
4-1-1
2-1-2 ｝4次

26.5
（34行）

（下针编织）　　（−15针）

（3针）伏针　　（3针）伏针

（4针）　　　　　　　　（4针）

42（39针）

衣袖
（桂花针）
8mm针

6行平
6-1-2
8-1-3
行　针　次

（+5针）

32
（42行）

30（29针）　（+3针）

（双罗纹针）7mm针

5（8行）

（26针）起针

衣领（桂花针）7mm针

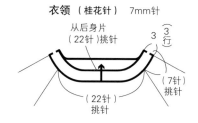

从后身片（22针）挑针
3（3行）
（22针）挑针
（7针）挑针

桂花针（衣领）　　伏针收针

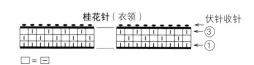

←③
←①

□ = □

使用毛线缝针挑针缝合（下针编织、直线时）

 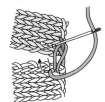 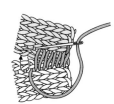

1 如图所示，用毛线缝针挑起2片织片的起针。

2 每行交替挑起端头1针内侧的下线圈，将线拉好。

3 重复"挑起下线圈，将线拉好"。要拉至看不见缝合线为止。

盖针接合 ※使用钩针时

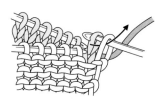 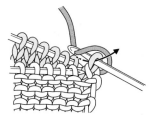 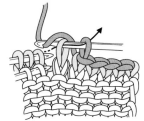 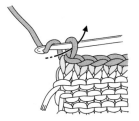

1 将2片织片正面相对对齐，将钩针插入2片织片端头的针目，将后侧针目从前侧针目中拉出。

2 挂线并拉出。

3 重复步骤1、2。

4 最后，将线从钩针上剩余的线圈中拉出，剪线。

材料与工具
后正产业 Grandir 冬紫色（15）430g
棒针 9 号、7 号

成品尺寸
胸围100cm，肩宽44cm，衣长70.5cm

编织密度
10cm×10cm面积内：编织花样A、C均为20针，
24行；编织花样B 24.5针，24行

编织要点
●身片手指挂线起针，编织双罗纹针。在图示位置加针，做编织花样。袖隆在端头3针内侧减针。
●肩部做盖针接合。
●袖隆做下针编织，然后做伏针收针。
●胁部留出开衩，剩余部分使用毛线缝针挑针缝合。
●衣领编织双罗纹针。编织终点做下针织下针、上针织上针的伏针收针。

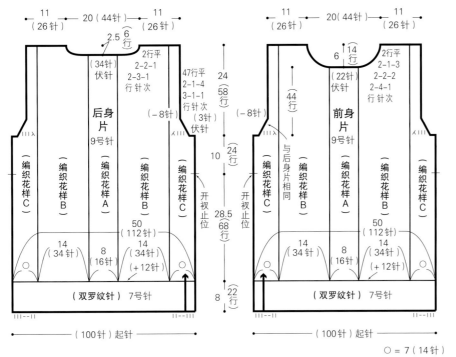

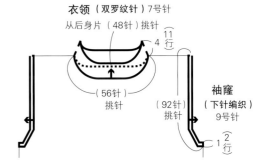

衣领（双罗纹针）7号针
从后身片（48针）挑针

袖隆（下针编织）9号针
（92针）挑针
（56针）挑针

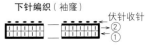

下针编织（袖隆）
伏针收针

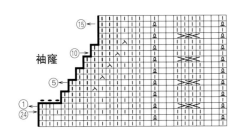

袖隆

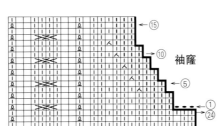

袖隆

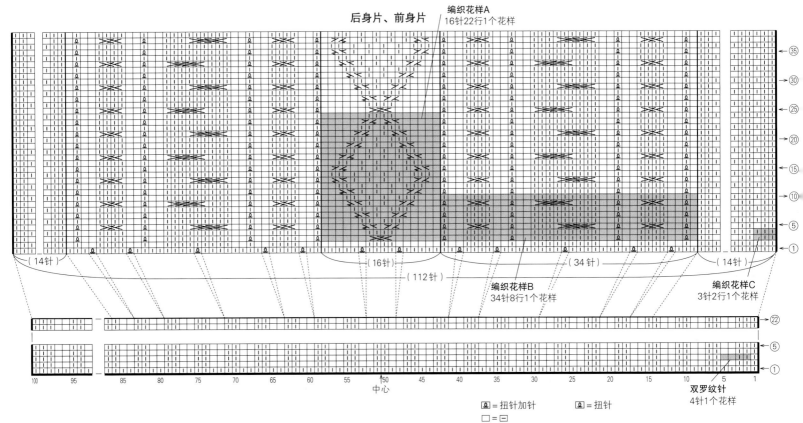

后身片、前身片
编织花样A
16针22行1个花样

编织花样B
34针8行1个花样

编织花样C
3针2行1个花样

双罗纹针
4针1个花样

◨=扭针加针　◧=扭针
□=⊟

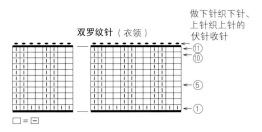

双罗纹针（衣领）

做下针织下针、上针织上针的伏针收针

□ = ⊟

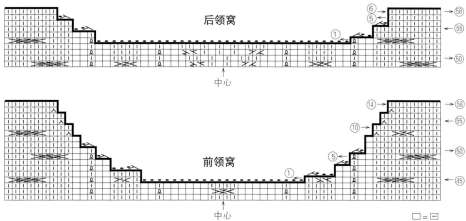

后领窝

中心

前领窝

中心

□ = ⊟

---

p.4
百变围脖

材料与工具
后正产业 Grandir 栗黄色（06）80g,烟灰色（18）70g
棒针 8 号、9 号

成品尺寸
颈围 54cm，长 31cm

编织密度
10cm×10cm 面积内：编织花样 20 针，38 行；
桂花针 20 针，28.5 行

编织要点
●先编织装饰领。手指挂线起针，编织桂花针。编织 17 行后，重叠 7 针连接成环形，编织 1 行下针，休针。
●主体手指挂线起针，连成环形。编织扭针的单罗纹针，然后做 82 行编织花样。
●在主体外侧连接装饰领。挑针，用栗黄色线编织 1 行下针，然后编织扭针的单罗纹针。编织终点做单罗纹针收针。

装饰领 8号针 烟灰色
54（108针）
（桂花针）
6 17行
57.5（115针）起针
☆、★ = 3.5（7针）

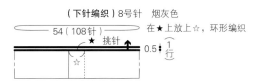

（下针编织）8号针 烟灰色
54（108针） 在★上放上☆，环形编织
挑针
0.5 1行

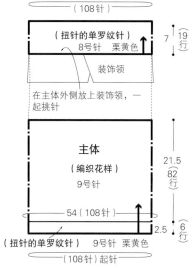

（108针）
（扭针的单罗纹针）
8号针 栗黄色
7 19行
装饰领
在主体外侧放上装饰领，一起挑针

主体
（编织花样）
9号针
21.5（82行）
54（108针）
2.5（6行）
（扭针的单罗纹针）9号针 栗黄色
（108针）起针

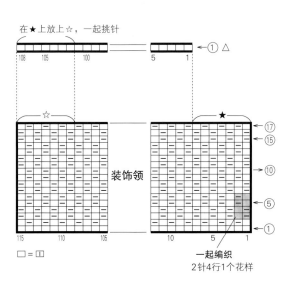

在★上放上☆，一起挑针
108 105 100 ... 5 1 ①△

☆ ★
装饰领
115 110 105 ... 10 5 1
□ = ⊡
一起编织
2针4行1个花样

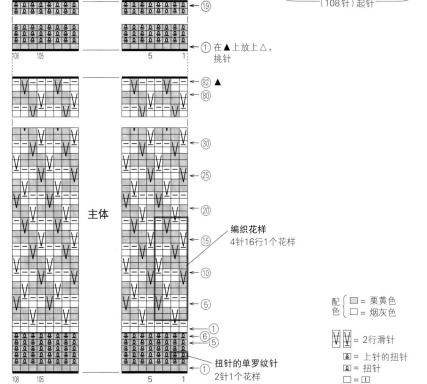

主体
108 105 ... 5 1 ⑲
①在▲上放上△，挑针
⑧②▲
⑧⓪
③⓪
②⑤
②⓪
①⑤
①⓪
⑤
①
⑥
⑤
①
108 105 ... 5 1
编织花样
4针16行1个花样
扭针的单罗纹针
2针1个花样

配色 {
■ = 栗黄色
□ = 烟灰色
}

V V = 2行滑针
⑧ = 上针的扭针
⑧ = 扭针
□ = ⊡

81

制作方法

卷针收针

1 如图所示将毛线缝针插入端头2针，将针抽出。

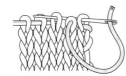
2 将针插入右端针目，跳过1针插入左边针目，将针抽出。

3 重复"将针从前面插入前面1针，跳过1针从后面插入"。

p.6
护腕

材料与工具
后正产业 Grandir 橄榄绿色 （09）70g，雪白色（11）30g
棒针 8 号

成品尺寸
腕围 18cm，掌围 13cm，长 43cm

编织密度
10cm×10cm 面积内：下针条纹花样 23 针，29 行

编织要点
● 手指挂线起针 42 针，连成环形。参照图示做下针编织，然后编织扭针的单罗纹针。
● 编织 8 行下针条纹花样后，第 9~16 行做往返编织，留下拇指孔。然后环形编织至第 68 行。
● 编织 22 行扭针的单罗纹针，第 23~30 行也做往返编织，从第 31 行开始环形编织至第 40 行。
● 做 4 行下针编织，做卷针收针。

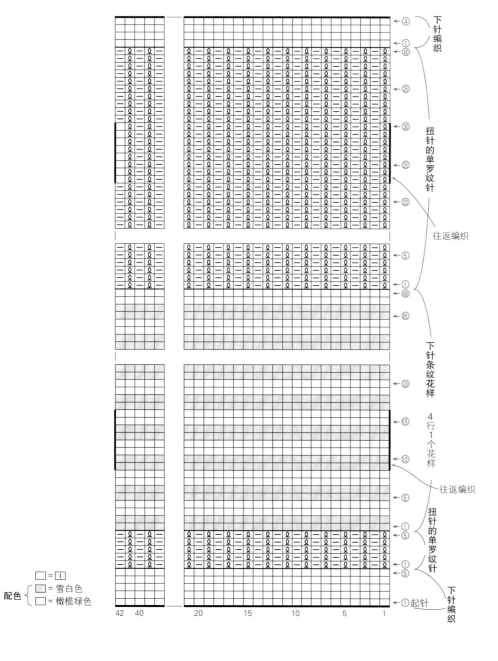

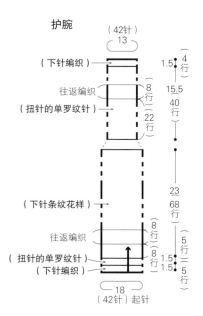

配色 □ = 雪白色　□ = 橄榄绿色　□ = 冚

p.8
花朵花样披肩

材料与工具
后正产业 PUNO 亚麻色（1314）495g
钩针 10/0 号

成品尺寸
宽 65cm，长 132cm

编织密度
10cm×10cm 面积内：编织花样 20 针，6 行

编织要点
●锁针起针 121 针，参照图示钩织 76 行。
●在周围做边缘编织。

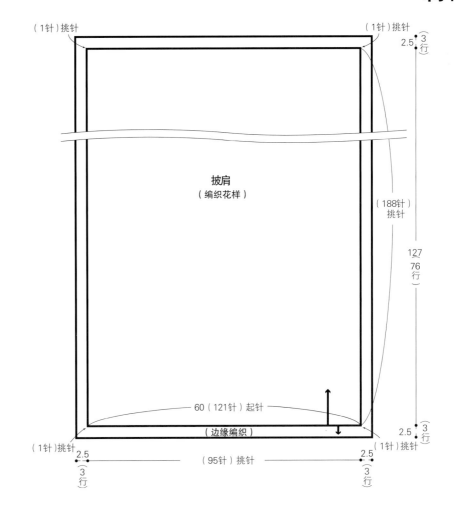

（1针）挑针

（1针）挑针

2.5{3行}

披肩
（编织花样）

（188针）挑针

127/76 行

60（121针）起针

（边缘编织）

2.5{3行}

（1针）挑针

（1针）挑针

2.5{3行}

（95针）挑针

2.5{3行}

披肩

边缘编织

3针1个花样

▷ =加线
► =剪线

编织花样

▨ =12针4行1个花样

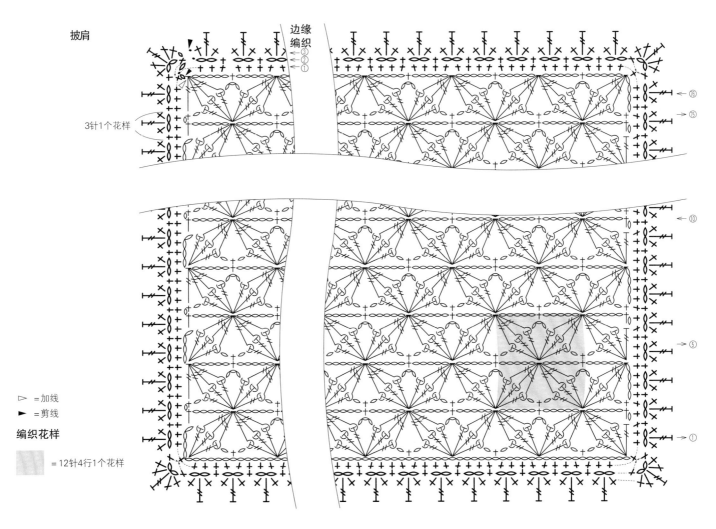

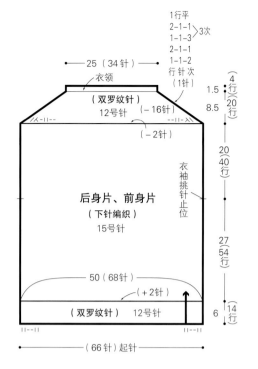

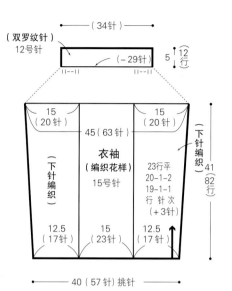

p.7
镂空袖毛衣

材料与工具
后正产业 PUNO 浅蓝色（1359）330g
棒针 12 号、15 号

成品尺寸
胸围 100cm，衣长 61.5cm，连肩袖长 67cm

编织密度
10cm×10cm 面积内：下针编织 13.5 针，20 行；
编织花样 15.5 针，20 行

编织要点
● 后身片、前身片手指挂线起针 66 针，编织双罗纹针，然后编织 2 针加针，做下针编织。从肩部向上减针 2 针，编织双罗纹针。斜肩立起端头 2 针减针。最后的 2 针并 1 针减针方向相反。衣领编织 4 行，编织终点做下针织下针、上针织上针的伏针收针。
● 前、后身片的肩部和衣领使用毛线缝针挑针缝合。
● 衣袖从身片挑针，按照图示做下针编织和编织花样。袖下在端头 1 针内侧编织扭针加针。编织 82 行后，减针 29 针，编织双罗纹针，编织终点做下针织下针、上针织上针的伏针收针。
● 胁部、袖下使用毛线缝针挑针缝合。

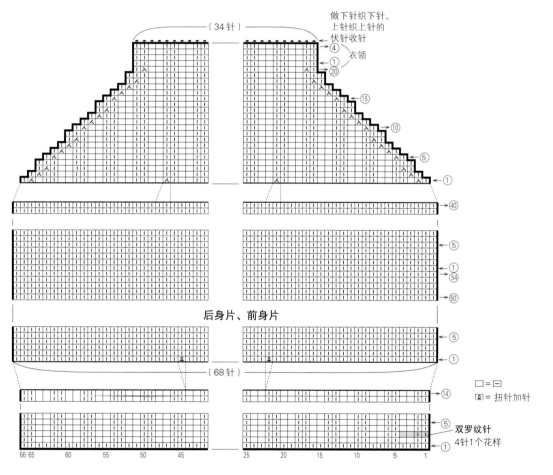

后身片、前身片

□ = 一
☒ = 扭针加针

双罗纹针
4 针 1 个花样

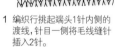

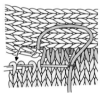

对齐针与行缝合（下针编织时）

1 编织行挑起端头 1 针内侧的渡线，针目一侧将毛线缝针插入 2 针。

2 如果编织行较多，可以偶尔挑起 2 行进行调整。

3 交错着将毛线缝针插入编织行和针目。缝合时，将线拉至看不见为止。

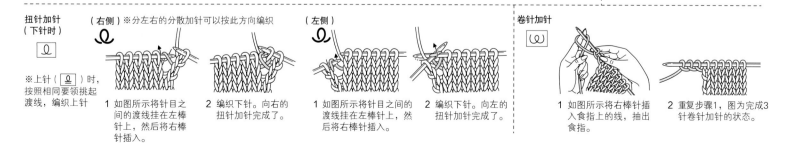

扭针加针
（下针时）
☒

※上针（☒）时，按照相同要领挑起渡线，编织上针。

（右侧） ※分左右的分散加针可以按此方向编织

1 如图所示将针目之间的渡线挂在左棒针上，然后将右棒针插入。

2 编织下针。向右的扭针加针完成了。

（左侧）

1 如图所示将针目之间的渡线挂在左棒针上，然后将右棒针插入。

2 编织下针。向左的扭针加针完成了。

卷针加针
ω

1 如图所示将右棒针插在食指上的线，抽出食指。

2 重复步骤 1，图为完成 3 针卷针加针的状态。

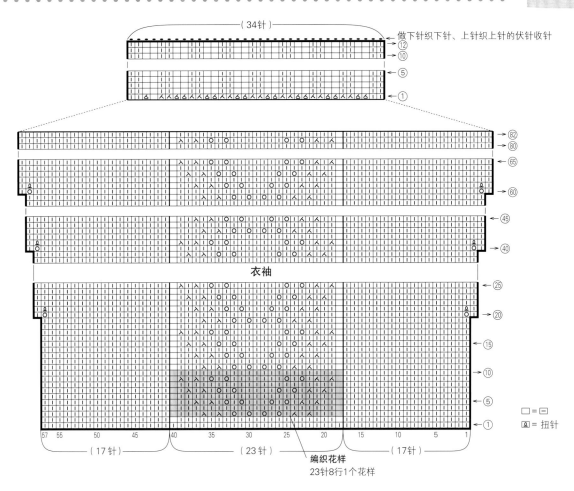

（34针）

做下针织下针、上针织上针的伏针收针

衣袖

编织花样
23针8行1个花样

□ = ⊟
⊠ = 扭针

（17针）　（23针）　（17针）

---

p.6
发带

※ 模特戴的为 A，另一件为 B

材料与工具
A：后正产业 MERISILK 云霞段染（22）30g，
Grandir 雪白色（11）40g；松紧带 20cm
棒针 7 号、5 号
B：后正产业 Koti 紫色混合（02）50g，Grandir
雪白色（11）15g；松紧带 20cm
棒针 7mm、7 号

成品尺寸
A：头围约 48cm，宽约 14cm
B：头围约 46cm，宽约 15cm

编织密度
A：10cm×10cm 面积内：主体的下针编织 20 针，
27.5 行；松紧套的下针编织 27.5 针，33.5 行
B：10cm×10cm 面积内：主体的下针编织 12.5
针，18 行；松紧套的下针编织 25 针，30.5 行

编织要点
A、B 通用
● 主体手指挂线起针，做下针编织。编织相同的
2 片。
● 将 2 片主体交叉，分别参照图示缝合。用松紧
带连接端头，然后将松紧带打结至喜欢的长度。
● 松紧套的起针方法和主体相同，做下针编织。
用松紧套将主体的松紧带部分包裹后缝成筒状，
两端和主体缝合。

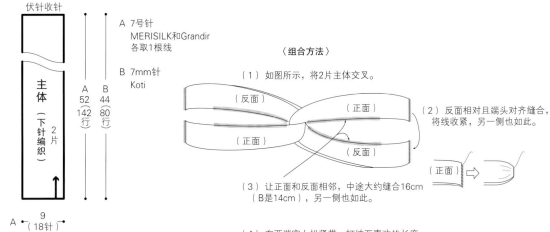

伏针收针

主体
（下针编织）
2片

A　B
52　44
（142行）（80行）

A 7号针
MERISILK和Grandir
各取1根线

B 7mm针
Koti

A ← 9
（18针）
起针

B ← 8
（10针）
起针

伏针收针

松紧套
（下针编织）

♡　♡

A　B
24　25
（80行）（76行）

A 5号针
MERISILK

B 7号针
Grandir

A ← 13
（36针）
起针

B ← 8
（20针）
起针

※相同标记♡是包住松紧
带后需要缝合的地方

〈组合方法〉

（1）如图所示，将2片主体交叉。

（反面）　（反面）
（正面）　（正面）

（2）反面相对且端头对齐缝合，
将线收紧，另一侧也如此。

（正面）　⇨

（3）让正面和反面相邻，中途大约缝合16cm
（B是14cm），另一侧也如此。

（4）在两端穿上松紧带，打结至喜欢的长度。

（5）用松紧套包住松紧带，缝合成筒状。

（6）稍微将主体塞入松紧套中一点，然后缝合两端。

成品图

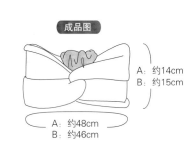

A：约14cm
B：约15cm

A：约48cm
B：约46cm

p.9
开襟毛衣

材料与工具
后正产业 基础极粗 混合灰色（34）840g
棒针 15 号

成品尺寸
胸围 108cm，衣长 83cm，连肩袖长 67cm

编织密度
10cm×10cm 面积内：下针编织、上针编织均
为 11.5 针，16 行；编织花样 A~C 均为 14 针，
16 行

编织要点
●后身片手指挂线起针，两端先编织 3 针，然后
编织双罗纹针。中心减针，参照图示编织。最后，
领窝做伏针收针。
●前身片和后身片起针方法相同，编织双罗纹针。
前门襟继续编织双罗纹针，剩余的 25 针做编织
花样和下针编织。编织至肩部后，如图所示编织
1 针卷加针，接着前门襟继续编织 14 行衣领。
●衣袖手指挂线起针，编织双罗纹针。在图示位
置加针，做编织花样和上针编织。袖下参照图示
加针。
●前、后身片的肩部做盖针接合。左、右衣领编
织终点做盖针接合。图中的♥、♡部分和后领窝
对齐，做针与行的缝合。
●衣袖中心将肩线对齐，身片和衣袖钩织引拔针
接合。
●肋部留下开衩，使用毛线缝针挑针缝合。袖下
也使用毛线缝针挑针缝合。

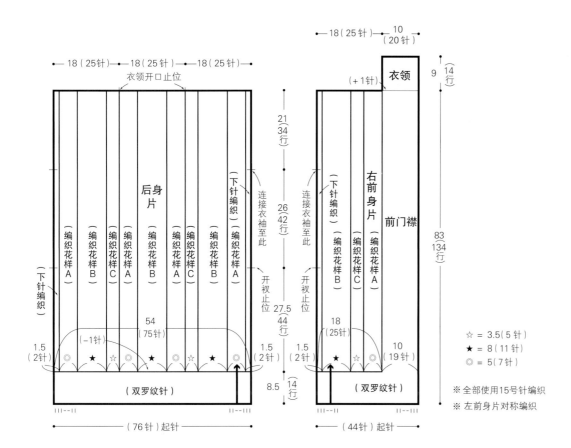

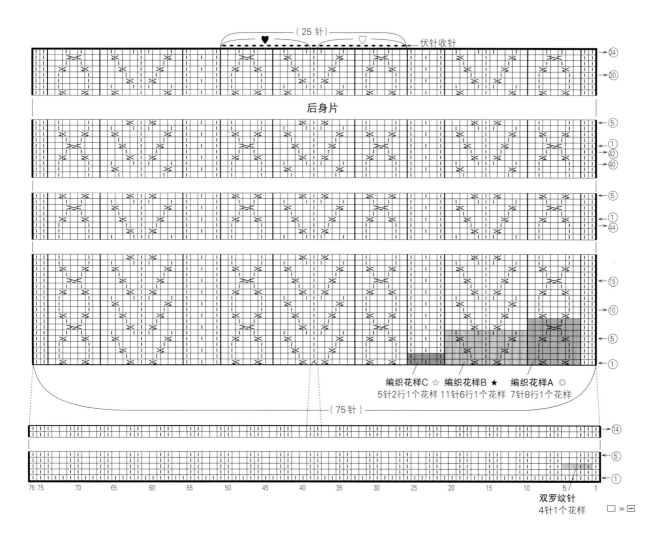

编织花样C ☆　编织花样B ★　编织花样A ◎
5针2行1个花样　11针6行1个花样　7针8行1个花样

双罗纹针
4针1个花样　□ = □

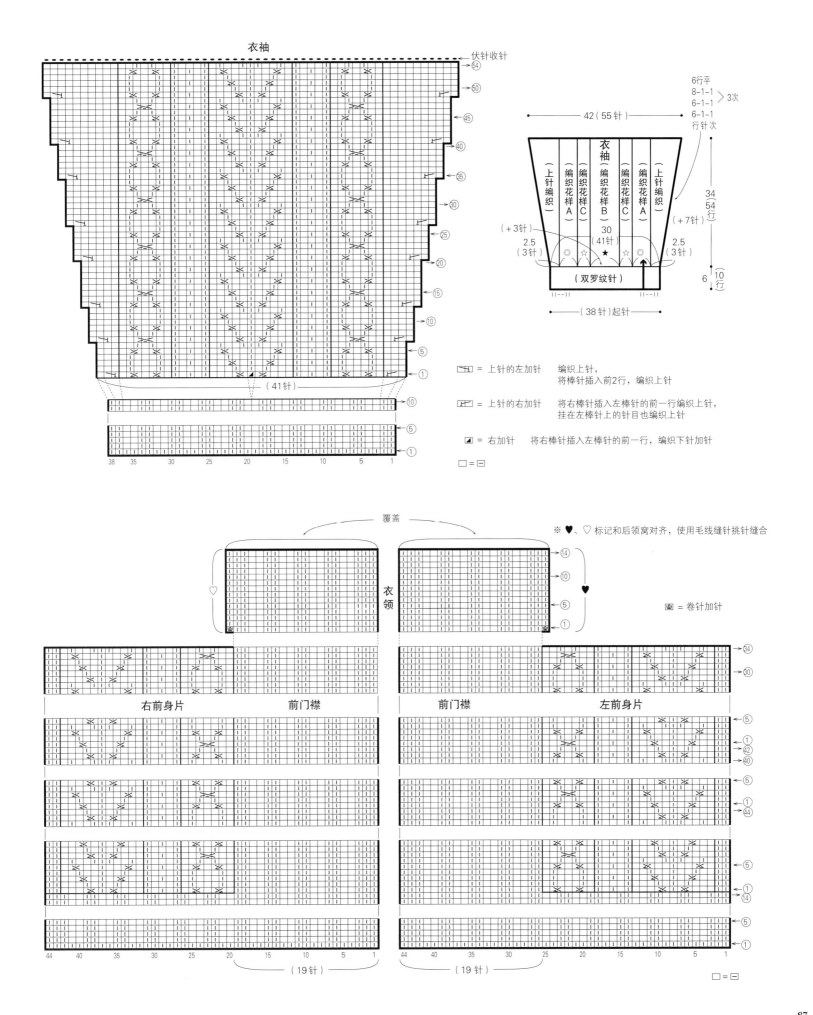

衣袖

伏针收针

6行平
8-1-1
6-1-1 〉3次
6-1-1
行针次

42(55针)

衣袖
（上针编织）（编织花样A）（编织花样C）（编织花样B）（编织花样C）（编织花样A）（上针编织）

34
54 行

（+3针）　　　　30（41针）　　　　（+7针）
2.5（3针）　　　　　　　　　　　　　2.5（3针）

（双罗纹针）

6　10行

（38针）起针

（41针）

□↑ = 上针的左加针　编织上针，
　　　将棒针插入前2行，编织上针

↑□ = 上针的右加针　将右棒针插入左棒针的前一行编织上针，
　　　挂在左棒针上的针目也编织上针

◢ = 右加针　将右棒针插入左棒针的前一行，编织下针加针

□ = ─

覆盖

※ ♥、♡ 标记和后领窝对齐，使用毛线缝针挑针缝合

衣领

◙ = 卷针加针

右前身片　　　前门襟　　　　前门襟　　　左前身片

（19针）　　　　（19针）

□ = ─

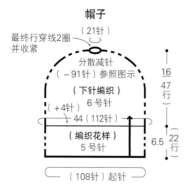

帽子

（21针）
最终行穿线2圈
并收紧

分散减针
（-91针）参照图示

（下针编织）
6号针

（+4针）
44（112针）

（编织花样）
5号针

（108针）起针

16
47行

22行

6.5

p.10
罗纹针装饰的帽子

材料与工具
后正产业 Grandir 干柿色（14）62g
棒针 6 号、5 号

成品尺寸
帽围 44cm，帽深 22.5cm

编织密度
10cm×10cm 面积内：下针编织 25.5 针，29 行

编织要点
●手指挂线起针 108 针，连成环形，做 22 行编织花样。
●下针编织第 1 行编织 4 针加针，然后编织至第 22 行。帽顶参照图示，一边减针一边编织。
●最终行穿线 2 圈并收紧。

帽子

重复7次

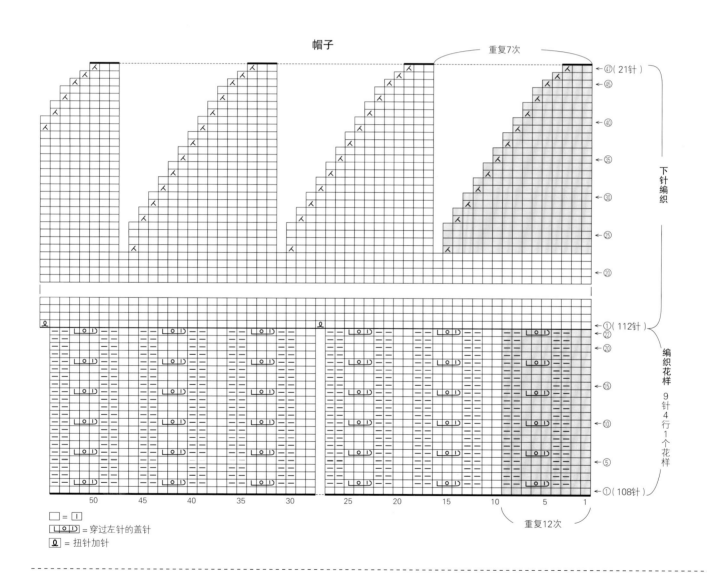

下针编织

编织花样
9针4行1个花样

重复12次

□ = 1
穿过左针的盖针
扭针加针

穿过左针的盖针（铜钱花）
（3针的情况）

1 如箭头所示，将右棒针插入左棒针的第3针，盖住右侧的2针。

2 右棒针从织片前面插入左侧针右侧的针目，编织下针。

3 挂针，右棒针插入左侧的针目，编织下针。

4 穿过左针的盖针完成。

p.13
企鹅帽子

材料与工具
芭贝 British Fine 海军蓝色（005）25g，米色（040）23g，浅蓝色（064）20g
棒针6号

成品尺寸
帽围52cm，帽深22cm

编织密度
10cm×10cm 面积内：下针编织、配色花样均为24.5针，28行

编织要点
●全部使用2根线编织。
●手指挂线起针116针，连成环形，编织双罗纹针。
●继续参照图示编织配色花样。
●一边分散减针，一边在帽顶做下针编织。编织终点剩余16针穿线并收紧。

帽子

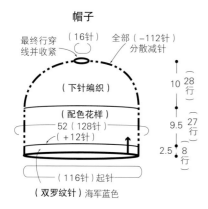

最终行穿线并收紧（16针）　全部（-112针）分散减针

〔下针编织〕

〔配色花样〕
52（128针）
（+12针）

（116针）起针

〔双罗纹针〕海军蓝色

10　28行
9.5　27行
2.5　8行

帽子

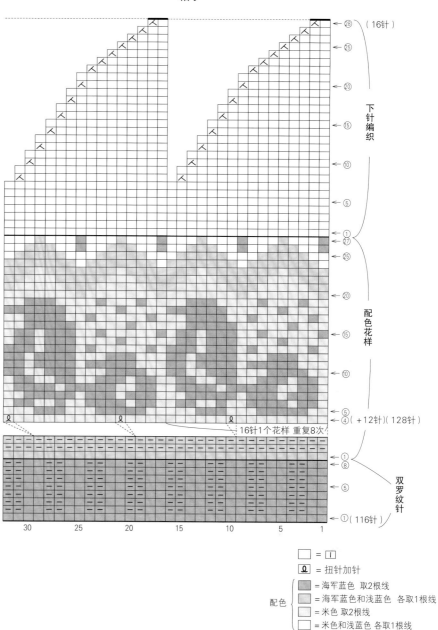

下针编织

（16针）

配色花样

16针1个花样　重复8次

（+12针）（128针）

双罗纹针

（116针）

□ = □

Ω = 扭针加针

配色
■ = 海军蓝色　取2根线
▨ = 海军蓝色和浅蓝色　各取1根线
□ = 米色　取2根线
□ = 米色和浅蓝色　各取1根线

横向渡线编织配色花样

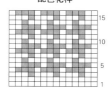

第3行　底色线　配色线

1 加入配色线后开始编织，用底色线编织2针，用配色线编织1针。

2 配色线在上，底色线在下渡线，重复"底色线编织3针，配色线编织1针"。

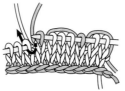

第4行　底色线　底色线

3 第4行的编织起点。加入底色线编织第1针。

4 编织上针行时也要配色线在上，底色线在下渡线。

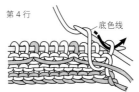

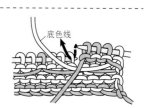

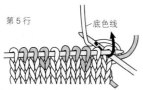

第5行　底色线

5 行的编织起点，在编织线中加入底色线后编织。

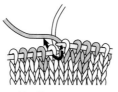

6 按照符号图，重复"配色线编织3针，底色线编织1针"。

第6行

7 重复"配色线编织1针，底色线编织3针"。此行能编织出1个花样。

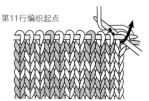

第11行编织起点

8 再编织4行，2个千鸟格的花样编织完成的情形。

89

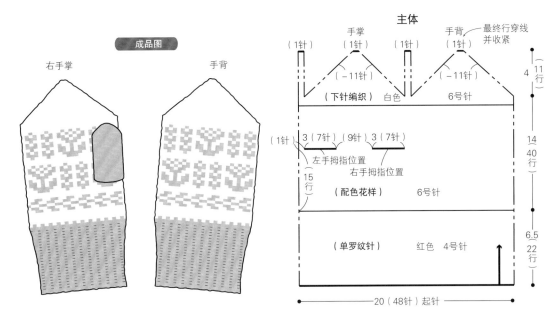

成品图

右手掌　　　　手背

主体

p.14
亲子连指手套（成人款）

材料与工具
Rich More　Spectre Modem 红色（31）36g，
白色（1）30g
棒针4号、6号

成品尺寸
掌围20cm，长24.5cm

编织密度
10cm×10cm 面积内：下针编织、配色花样均
为24针，28行

编织要点
●主体用4号针、红色线，手指挂线起针48针，
连成环形。编织22行单罗纹针。
●换为6号针，编织配色花样至第35行，手掌
第15行在拇指位置编入另线。
●用白色线做5行下针编织，一边减针一边编织
11行。最终行穿线并收紧。
●拇指位置解开另线，用红色线挑起16针，环
形做16行下针编织，一边减针一边编织3行。
最终行穿线并收紧。

手掌　　　主体　　　手背

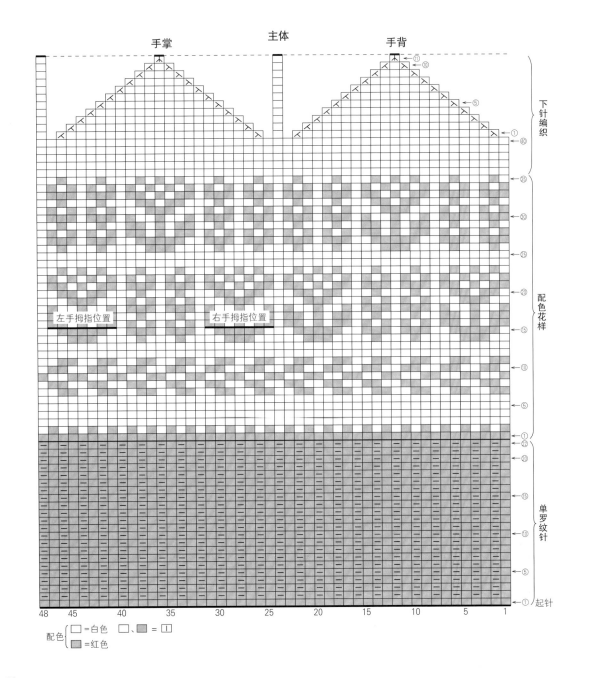

左手拇指位置　　右手拇指位置

下针编织
配色花样
单罗纹针

48　45　　40　　35　　30　　25　　20　　15　　10　　5　　1

配色：□=白色　□、■=■
　　　■=红色

拇指
（下针编织）
红色　6号针

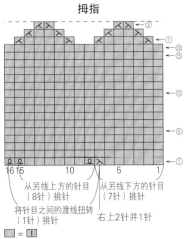

拇指

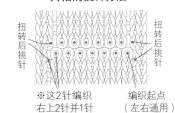

16 15　　10　　5　　1

从另线上方的针目
（8针）挑针

从另线下方的针目
（7针）挑针

将针目之间的渡线扭转
（1针）挑针

右上2针并1针

■=□

拇指的挑针方法

扭转后挑针　　　　　　　扭转后挑针

※这2针编织　　编织起点
右上2针并1针　（左右通用）
●=挑针位置

p.14
亲子连指手套（儿童款）

材料与工具
和麻纳卡 Amerry 巧克力色（9）、柠檬色（25）
各18g
棒针3号、4号

成品尺寸
掌围16cm，长18cm

编织密度
10cm×10cm 面积内：下针编织、配色花样均
为28针，31行

编织要点
●主体用3号针、柠檬色线，手指挂线起针44针，
连成环形。编织16行单罗纹针。
●换为4号针，编织配色花样至第29行，手掌
第13行在拇指位置编入另线。
●用巧克力色线做5行下针编织，一边减针一边
编织10行。最终行穿线并收紧。
●拇指位置解开另线，用柠檬色线挑起16针，
环形做12行下针编织，一边减针一边编织3行。
最终行穿线并收紧。

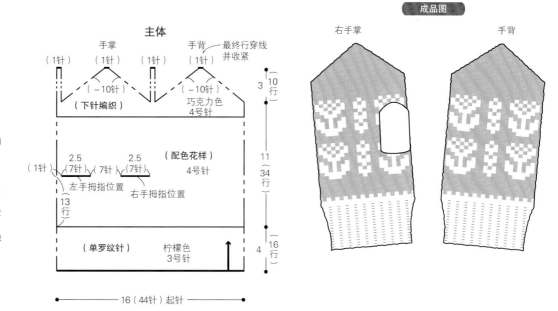

成品图

右手掌　手背

主体

手掌　手背　最终行穿线并收紧

（1针）（1针）　（1针）（1针）
（－10针）（－10针）
（下针编织）　巧克力色
4号针

（配色花样）
4号针
2.5　2.5
（1针）7针　7针　7针
左手拇指位置　右手拇指位置
13行

（单罗纹针）　柠檬色
3号针

16（44针）起针

3　10行
11
34行
4　16行

拇指
（下针编织）
柠檬色　4号针
最终行穿线并收紧
（4针）
（－12针）
5　15行
（16针）挑针

拇指

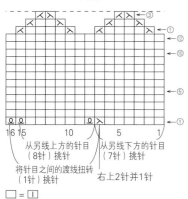

16 15　　10　　5　　1
从另线上方的针目　从另线下方的针目
（8针）挑针　（7针）挑针
将针目之间的渡线扭转
（1针）挑针
右上2针并1针
□＝|

拇指的挑针方法

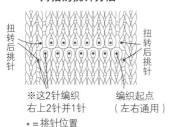

扭转后挑针　　扭转后挑针
※这2针编织　编织起点
右上2针并1针　（左右通用）
●＝挑针位置

主体
手掌　手背

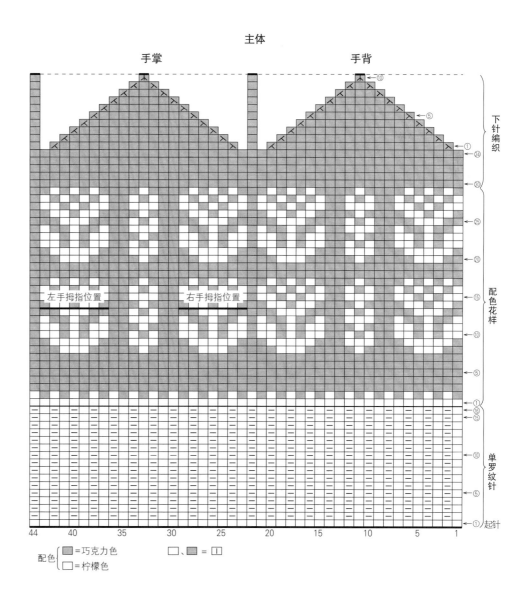

下针编织

配色花样

单罗纹针

左手拇指位置　右手拇指位置

44　40　35　30　25　20　15　10　5　1　起针

配色　■＝巧克力色　□、■＝|
□＝柠檬色

制作方法

下针的无缝缝合

 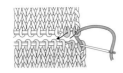 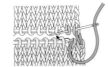

1 将2片织片对齐，从反面将毛线缝针插入2片织片的端头针目。

2 插入下方织片2针，然后如箭头所示插入上方织片2针。

3 如箭头所示插入下方织片2针，将针目拉至1针下针大小。

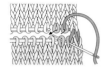

4 继续插入上方织片的2针。重复步骤2~4。

5 最后从前面插入上方织片的端头针目。织片端头错开半针。在反面处理线头。

p.16
毛袜

材料与工具

Jamieson's Shetland Spindrift 果实（p.16 图右）/沙米色（106）40g，胭脂色（580）20g；飞鸟（p.16 图左）/黑色（999）40g，白色（304）20g

棒针 4 号、3 号

成品尺寸

袜底长 23cm，袜高 19.5cm

编织密度

10cm×10cm 面积内：下针编织 28 针，34 行
配色花样 A、B 均为 10cm 28 针，配色花样 A 为 10cm 34 行，配色花样 B 为 10cm 36 行

编织要点

● 手指挂线起针 56 针，连成环形，然后编织单罗纹针。

● 接着做下针编织和配色花样，在袜跟编入另线。

● 袜背、袜底环形做下针编织，换色编织袜头。编织终点剩余的针目做下针的无缝缝合。

● 解开袜跟的另线挑针，环形编织袜跟。编织终点剩余的针目做下针的无缝缝合。

袜跟

（下针编织） 4号针
果实/胭脂色 飞鸟/白色

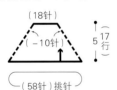

（18针）
（－10针）
5（17行）
（58针）挑针

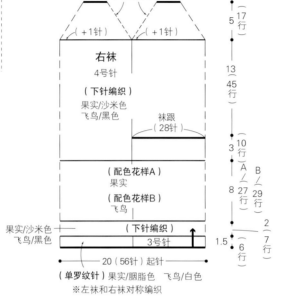

（9针）（－10针）（9针）
（+1针）（+1针）

右袜
4号针
（下针编织）
果实/沙米色
飞鸟/黑色

袜跟
（28针）

5（17行）
13（45行）
3（10行）A 8（27行）B（29行）
2（7行）
1.5（6行）

（配色花样A）
果实

（配色花样B）
飞鸟

果实/沙米色
飞鸟/黑色
（下针编织）
3号针

20（56针）起针
（单罗纹针）果实/胭脂色 飞鸟/白色
※左袜和右袜对称编织

袜跟
下针的无缝缝合

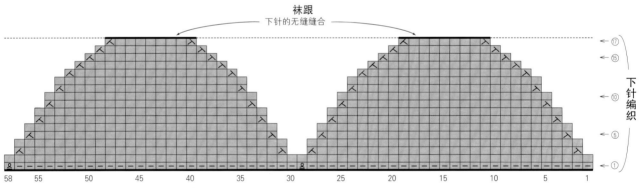

下针编织

58 55 50 45 40 35 30 25 20 15 10 5 1

配色花样B（飞鸟）28针29行1个花样

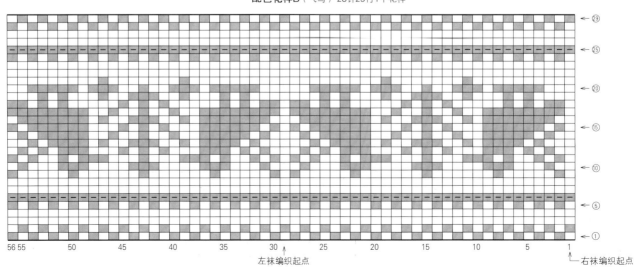

56 55 50 45 40 35 30 25 20 15 10 5 1
左袜编织起点　右袜编织起点

92

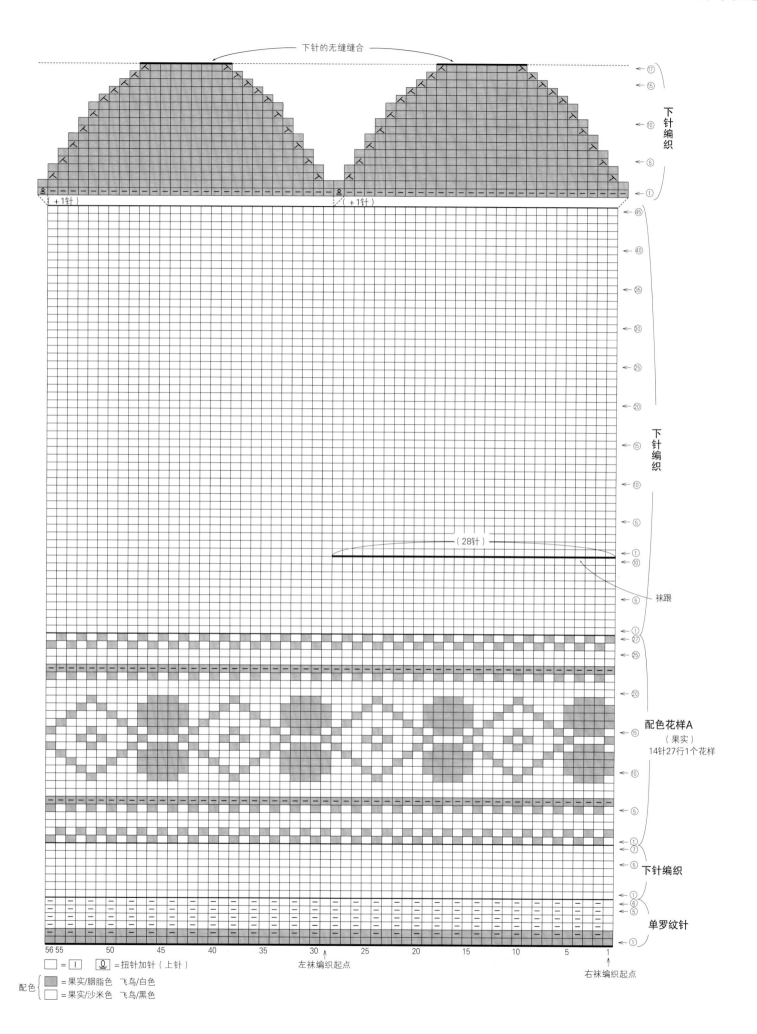

下针的无缝缝合

下针编织

下针编织

袜跟

（28针）

配色花样A
（果实）
14针27行1个花样

下针编织

单罗纹针

□ = 田 ₍ ₎ Ω = 扭针加针（上针）

左袜编织起点

右袜编织起点

配色 { ▨ =果实/胭脂色 飞鸟/白色
      □ =果实/沙米色 飞鸟/黑色

制作方法

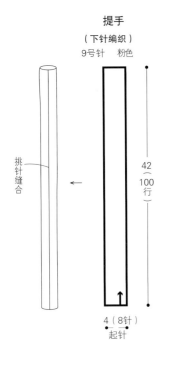

提手
（下针编织）
9号针 粉色

挑针缝合

42
（100
行）

4（8针）
起针

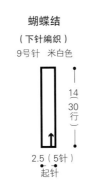

蝴蝶结
（下针编织）
9号针 米白色

14
（30
行）

2.5（5针）
起针

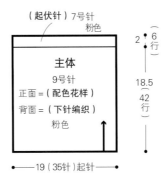

（起伏针）7号针
粉色

主体
9号针
正面＝（配色花样）
背面＝（下针编织）
粉色

2（6行）

18.5
（42
行）

19（35针）起针

成品图

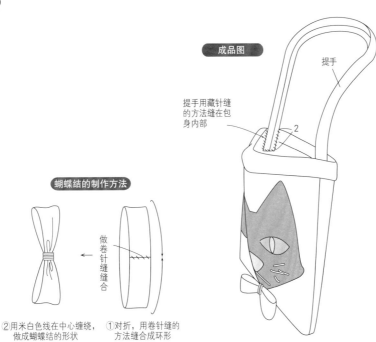

提手

提手用藏针缝
的方法缝在包
身内部

2

蝴蝶结的制作方法

做卷针缝缝合

②用米白色线在中心缠绕，
做成蝴蝶结的形状

①对折，用卷针缝的
方法缝合成环形

p.17
黑猫小包

材料与工具
芭贝 British Eroika 粉色（180）60g，黑色（205）
10g，芥末黄色（206）、浅蓝色（207）、米白
色（134）各1g
棒针9号、7号

成品尺寸
宽19cm，深20.5cm（提手除外）

编织密度
10cm×10cm 面积内：下针编织、配色花样均
为18针，23行

编织要点
● 全部使用手指挂线起针。
● 主体正面使用纵向渡线的方法编织配色花样。
背面做下针编织。
● 然后正面和背面均编织起伏针，编织终点做伏
针收针。
● 在正面刺绣。蝴蝶结用下针编织完成，做好造
型后缝在相应位置。
● 侧面使用毛线缝针挑针缝合，包底做卷针缝缝
合。
● 编织提手，使用毛线缝针挑针缝合成管状，然
后缝在指定位置。

※ 黑猫小包的图解见 p.95

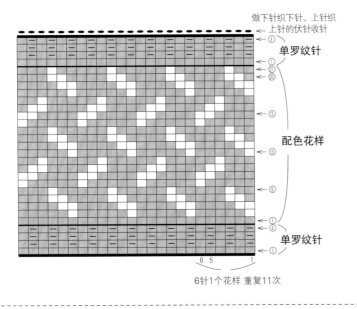

做下针织下针、上针织
上针的伏针收针

单罗纹针

① ②
② ①
②
⑳

配色花样

⑮

⑩

⑤

① ④
①
④

单罗纹针

6 5   1

6针1个花样 重复11次

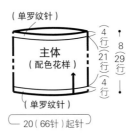

（单罗纹针）

主体
（配色花样）

4（行）
21（行）
4（行）

8
（29
行）

（单罗纹针）

20（66针）起针

□ ＝ □
配色 ■ ＝ 深棕色（深绿色）
□ ＝ 白色

※（ ）内是b的配色

p.15
杯套

※p.15 图中右侧杯套是a，左侧杯套是b
材料与工具
a：芭贝 British Fine 深棕色（022）8g，白色（001）
4g；棒针2号
b：芭贝 British Fine 深绿色（034）8g，白色（001）
4g；棒针2号

成品尺寸
直径约6.5cm，高8cm

编织密度
10cm×10cm 面积内：配色花样33针，36行

编织要点
● 手指挂线起针66针，环形编织单罗纹针和配
色花样。
● 编织终点做下针织下针、上针织上针的伏针收
针。

从另线锁针起针挑针（从另线锁针的编织终点挑针编织时）

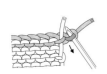

1 将棒针插入另线锁针的
里山，将线头拉出。

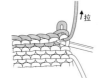

2 将棒针插入端头针目，
解开另线锁针。

3 解开1针锁针的样子。

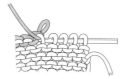

4 一边逐针解开另线锁针，
一边用棒针挑针。

5 最后的针目扭转着挑
针，抽出另线。

6 全部挑针完毕。

p.15
杯垫

※p.15 图中上方杯垫是 a，下方杯垫是 b

材料与工具
a：芭贝 British Fine 黄色（035）22g，白色（001）15g；棒针 2 号
b：芭贝 British Fine 白色（001）15g，红色（013）8g，黄绿色（028）7g，藏青色（003）、浅蓝色（064）、黄土色（065）各 6g；棒针 2 号

成品尺寸
长 18cm，宽 16.5cm

编织密度
10cm×10cm 面积内：配色花样 33 针，36 行

编织要点
●另线锁链起针 118 针，环形编织 59 行配色花样。
●编织终点用最终行的线做下针的无缝缝合。编织起点解开另线锁针，用第 1 行的线做下针的无缝缝合。

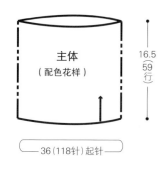

主体（配色花样）

16.5（59 行）

36（118 针）起针

※p.94 黑猫小包的图解

主体（正面）

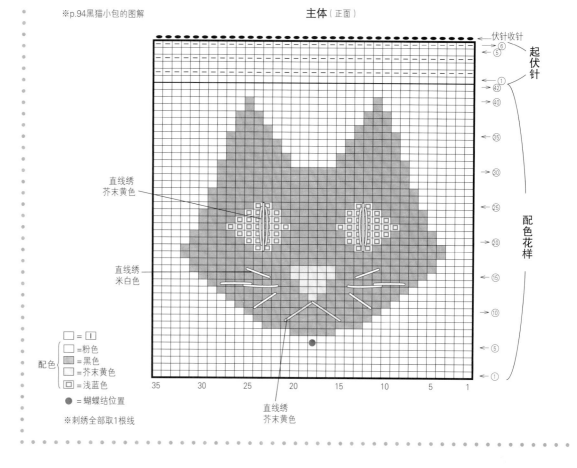

伏针收针
起伏针
配色花样

直线绣 芥末黄色

直线绣 米白色

直线绣 芥末黄色

配色
= □
= 粉色
= 黑色
= 芥末黄色
= 浅蓝色

● = 蝴蝶结位置

※刺绣全部取 1 根线

配色花样

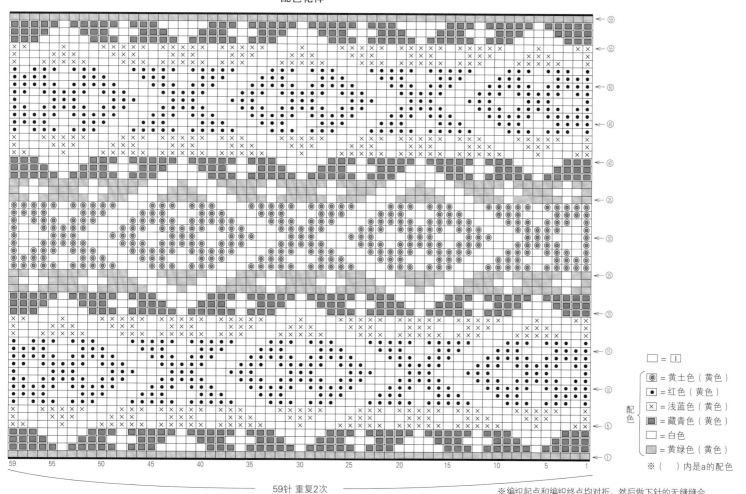

= □

配色
◎ = 黄土色（黄色）
• = 红色（黄色）
× = 浅蓝色（黄色）
■ = 藏青色（黄色）
□ = 白色
▨ = 黄绿色（黄色）

※（ ）内是 a 的配色

59 针 重复 2 次

※编织起点和编织终点均对折，然后做下针的无缝缝合

材料与工具
和麻纳卡 Aran Tweed 鲑鱼粉色（5）67g，宽
13cm、高 6cm 的古铜色口金（H207-021-4）
1 组
钩针 6/0 号

成品尺寸
宽 18cm，深 13cm

编织密度
10cm×10cm 面积内：编织花样 B 19 针，21.5
行

编织要点
●环形起针，一边加针，一边用短针和长针钩织
包底。
●包身每行改变编织方向环形编织 26 行编织花
样 B。3 针长针的枣形针看着织片反面钩织奇数
行，营造出凹凸感。
●包口一边加针，一边钩织短针包住口金。

口金包

（106针）

（短针） （+34针）
一边包住口金
一边钩织

包身
（编织花样B）

0.5 ┐1行
12 26行
38（72针）

包底
（编织花样A）

6 ┐9行

组合方法

除★、☆以外，一边包住口金，
一边钩织1行短针

23 针 ▲
3 针 ☆
27 针 ◇
27 针 ◆
3 针 ★
23 针 △

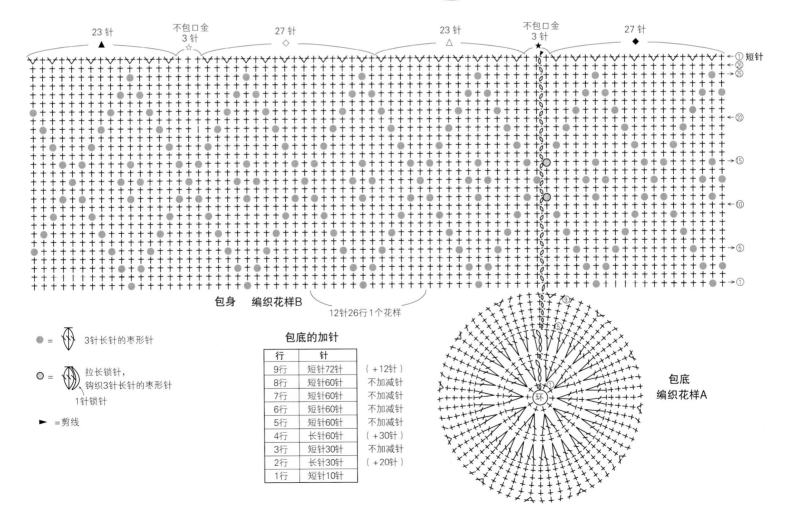

包身　编织花样B

12针26行1个花样

● = 3针长针的枣形针

○ = 拉长锁针，钩织3针长针的枣形针
1针锁针

► = 剪线

包底的加针

行	针	
9行	短针72针	（+12针）
8行	短针60针	不加减针
7行	短针60针	不加减针
6行	短针60针	不加减针
5行	短针60针	不加减针
4行	长针60针	（+30针）
3行	短针30针	不加减针
2行	长针30针	（+20针）
1行	短针10针	

包底
编织花样A

p.22
郁金香杯套

材料与工具
和麻纳卡 Amerry
灰色杯套：灰色（22）13g，草绿色（13）5g，
深红色（5）2.5g，玫红色（32）2.5g，黄赭石色（41）2.5g
浅蓝色杯套：中国蓝色（29）13g，草绿色（13）5g，珊瑚粉色（27）2.5g，玉米黄色（31）2.5g，自然白色（20）2.5g
钩针 4/0 号、5/0 号

成品尺寸
直径 6.5cm，高 13cm

编织密度
10cm×10cm 面积内：条纹花样 28 针，16.5 行

编织要点
●杯底用 4/0 号针环形起针，参照图示钩织 7 行短针。
●用 5/0 号针一边换色一边做 21 行条纹花样。换色时不渡线，直接剪断线头（换色行的编织终点不用引拔针连接，改用锁针连接，会很漂亮）。
●钩织 2 行边缘编织。

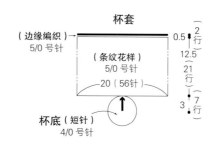

杯套
（边缘编织）
5/0 号针
（条纹花样）
5/0 号针
20（56针）
0.5
2行
12.5
21行
3
7行
杯底（短针）
4/0 号针

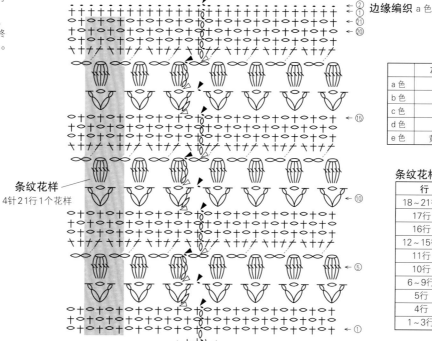

边缘编织 a 色
②
①
21
20
⑮
条纹花样
4针 21行 1个花样
⑩
⑤
①

配色表

	灰色杯套	浅蓝色杯套
a 色	灰色	中国蓝色
b 色	草绿色	草绿色
c 色	深红色	珊瑚粉色
d 色	玫红色	玉米黄色
e 色	黄赭石色	自然白色

条纹花样的配色表

行	配色
18~21行	a 色
17行	e 色
16行	b 色
12~15行	a 色
11行	d 色
10行	b 色
6~9行	a 色
5行	c 色
4行	b 色
1~3行	a 色

杯底的加针

行	针	
7行	56针	（+8针）
6行	48针	（+8针）
5行	40针	（+8针）
4行	32针	（+8针）
3行	24针	（+8针）
2行	16针	（+8针）
1行	8针	

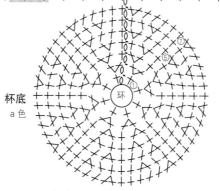

杯底
a 色
环

▷ ＝加线
► ＝剪线

＝5针长针的爆米花针

＝变化的2针中长针的枣形针

＝变化的2针中长针的枣形针锁针拉伸

引拔接合

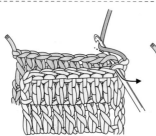
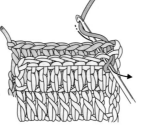
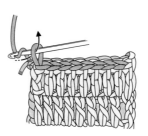

1 将2片织片正面相对重叠着拿好，按照图示插入钩针。

2 挂线并引拔（用其中一片编织终点的线接合即可）。

3 逐针入针引拔。

4 编织终点再次挂线并引拔出，拉紧针目。

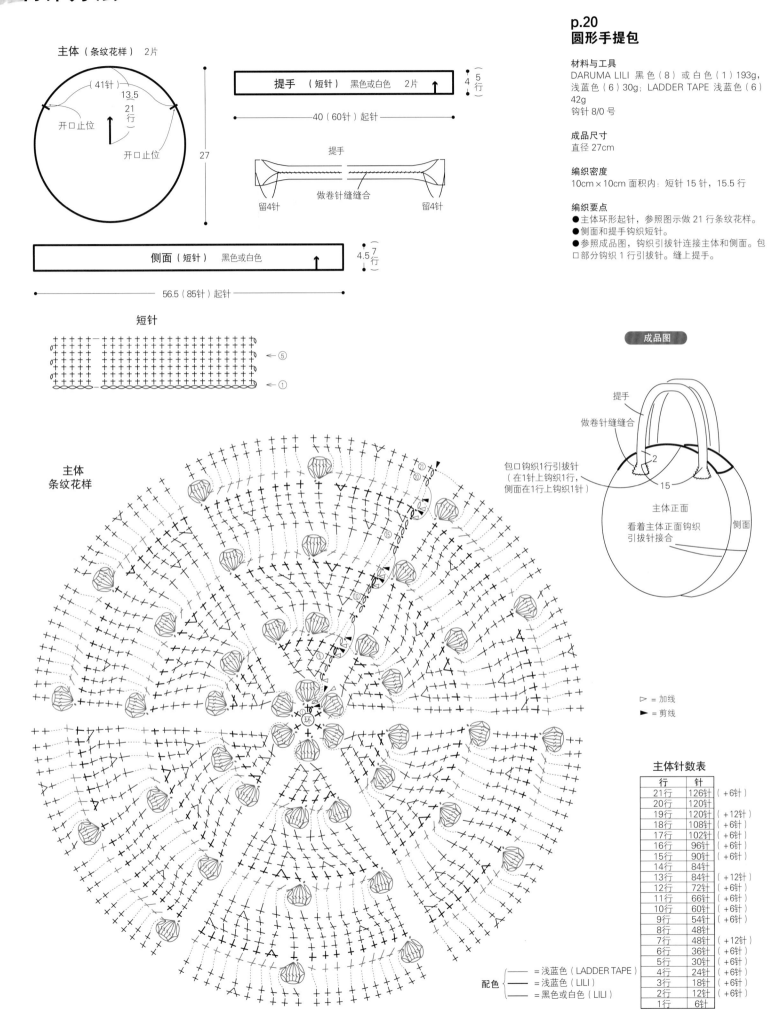

主体（条纹花样） 2片

（41针）
13.5
21
行
开口止位
开口止位
27

提手（短针） 黑色或白色 2片
5
行
4
40（60针）起针

提手
做卷针缝缝合
留4针
留4针

侧面（短针） 黑色或白色
7
行
4.5
56.5（85针）起针

短针

主体
条纹花样

p.20
圆形手提包

材料与工具
DARUMA LILI 黑色（8）或白色（1）193g，
浅蓝色（6）30g；LADDER TAPE 浅蓝色（6）
42g
钩针 8/0 号

成品尺寸
直径 27cm

编织密度
10cm×10cm 面积内：短针 15 针，15.5 行

编织要点
●主体环形起针，参照图示做 21 行条纹花样。
●侧面和提手钩织短针。
●参照成品图，钩织引拔针连接主体和侧面。包
口部分钩织 1 行引拔针。缝上提手。

成品图

提手
做卷针缝缝合
包口钩织1行引拔针
（在1针上钩织1行，
侧面在1行上钩织1针）
2
15
主体正面
看着主体正面钩织
引拔针接合
侧面

▷ = 加线
► = 剪线

配色
— = 浅蓝色（LADDER TAPE）
— = 浅蓝色（LILI）
— = 黑色或白色（LILI）

主体针数表

行	针	
21行	126针	（+6针）
20行	120针	
19行	120针	（+12针）
18行	108针	（+6针）
17行	102针	（+6针）
16行	96针	（+6针）
15行	90针	（+6针）
14行	84针	
13行	84针	（+12针）
12行	72针	（+6针）
11行	66针	（+6针）
10行	60针	（+6针）
9行	54针	（+6针）
8行	48针	
7行	48针	（+12针）
6行	36针	（+6针）
5行	30针	（+6针）
4行	24针	（+6针）
3行	18针	（+6针）
2行	12针	（+6针）
1行	6针	

p.21
圆桶包

材料与工具
和麻纳卡 Bonny 金褐色（482）或紫红色（499）
450g，直径 20cm 的皮垫（H204-616）深棕色
1 片
钩针 8/0 号

成品尺寸
宽 37cm，深 37cm（仅限主体）

编织密度
编织花样 1 个花样 18.5cm，8 行 10cm

编织要点
●主体从皮垫边缘挑针钩织 96 针短针，然后参
照编织符号图，环形钩织 29 行编织花样，最后
一行钩织引拔针。
●提手钩织 100 针锁针起针，参照图示钩织 4 行
短针。第 5 行钩织 8 针短针后，对折。起针的锁
针和第 4 行钩织引拔针接合，最后钩织 8 针短针。
钩织 2 条。
●在指定位置内侧缝上提手。

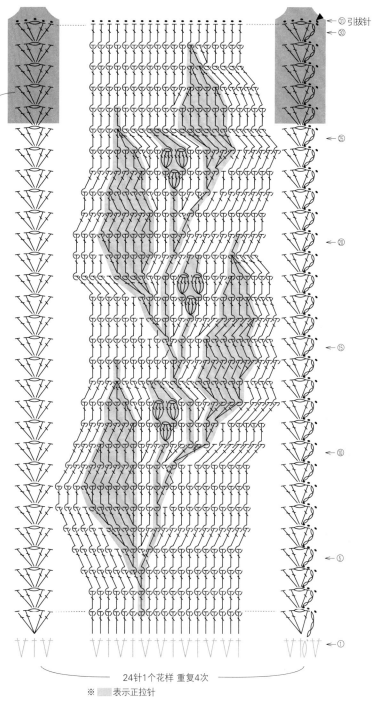

主体
编织花样

提手位置
在内侧做
卷针缝缝合

③引拔针
③
③

24针1个花样 重复4次

※ ▨ 表示正拉针

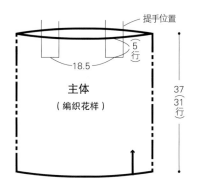

提手位置

主体
（编织花样）

18.5

（5行）

37
31行

74（96针、4个花样）挑针

※在皮垫的孔上钩织第1行

提手 （短针） 2条

82（100针）起针

4（5行）

▷ = 加线
► = 剪线

提手 短针

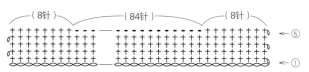

（8针）　（84针）　（8针）

⑤
①

提手的编织方法

①锁针起针，钩织4行短针。

②第5行钩织8针短针后，将起针的锁针和第4行反面相对对折，挑起内侧1根线，钩织引拔针。

③接着钩织8针短针。

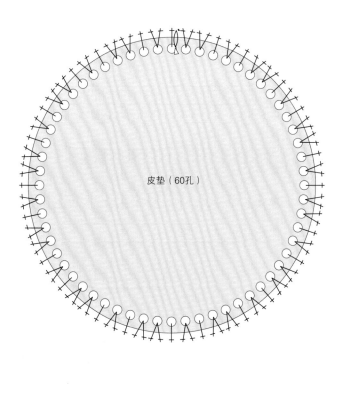

皮垫（60孔）

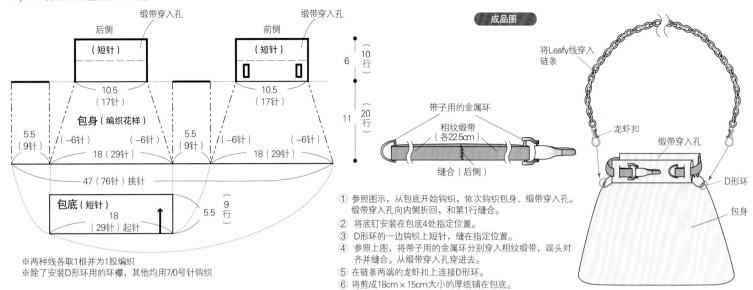

后侧

（短针）

缎带穿入孔

前侧

缎带穿入孔

10.5（17针）

10.5（17针）

6行 10行

11行 20行

包身（编织花样）

5.5（9针） （−6针） （−6针） 5.5（9针） （−6针） （−6针）

18（29针） 18（29针）

47（76针）挑针

包底（短针）

18（29针）起针

5.5 9行

※两种线各取1根并为1股编织
※除了安装D形环用的环襻，其他均用7/0号针钩织

成品图

将Leafy线穿入链条

带子用的金属环

粗纹缎带（各22.5cm）

缝合（后侧）

龙虾扣

缎带穿入孔

D形环

包身

① 参照图示，从包底开始钩织，依次钩织包身、缎带穿入孔。缎带穿入孔向内侧折回，和第1行缝合。
② 将底钉安装在包底4处指定位置。
③ D形环的一边钩织上短针，缝在指定位置。
④ 参照上图，将带子用的金属环分别穿入粗纹缎带，端头对齐并缝合。从缎带穿入孔穿进去。
⑤ 在链条两端的龙虾扣上连接D形环。
⑥ 将剪成18cm×15cm大小的厚纸铺在包底。

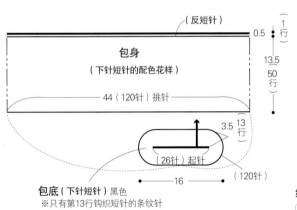

（反短针）

0.5 1行

包身（下针短针的配色花样）

13.5 50行

44（120针）挑针

包底（下针短针）黑色
※只有第13行钩织短针的条纹针
※全部使用3/0号针钩织

3.5 13行

（26针）起针

（120针）

16

Ŧ ＝反短针

下针短针、下针 ＝ 将钩针插入前一行
短针的配色花样 包身的中央钩织

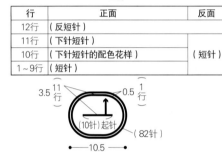

纽襻

行	正面	反面
12行	（反短针）	
11行	（下针短针）	
10行	（下针短针的配色花样）	（短针）
1～9行	（短针）	

3.5 11行

0.5 1行

（10针）起针

（82针）

10.5

纽襻的编织方法
① 反面钩织11行短针，正面参照下图钩织至第11行。
② 反面缝上磁扣（凸面）。
③ 将2片织片反面相对对齐，钩织反短针连接（第12行）。

纽襻的针数

行	针
12行	82针
11行	82针（+6针）
10行	76针（+6针）
9行	70针（+6针）
8行	64针（+6针）
7行	58针（+6针）
6行	52针（+6针）
5行	46针（+6针）
4行	40针（+6针）
3行	34针（+6针）
2行	28针（+6针）
1行	22针

配色 十＝米色
配色 十＝芥末黄色
十＝黑色

纽襻
※这是正面的编织方法图，反面钩织短针（黑色）至第11行。

反短针 ⑫

磁扣位置（凸面）

① ⑪ ⑩

编织起点（10针锁针）起针

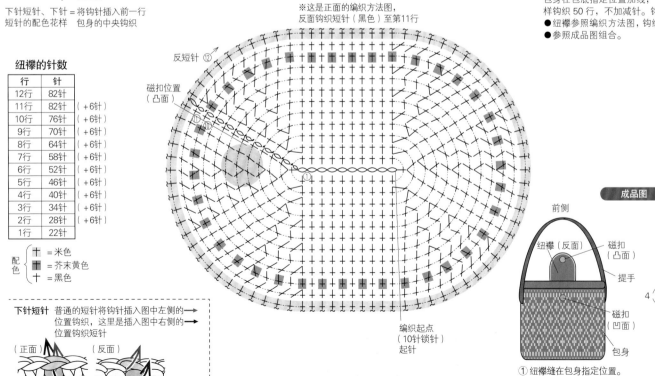

下针短针 普通的短针将钩针插入图中左侧的位置钩织，这里是插入图中右侧的位置钩织短针。

（正面） （反面）

---

p.26
菱格挎包

材料与工具
内藤商事 Antares 黑色（33）75g，米色（32）30g，芥末黄色（8）5g；单提手（INAZUMA KM-46 #26 黑色）1根；磁扣 1 组
钩针 3/0 号

成品尺寸
宽22cm，深14cm（不含提手）

编织密度
10cm×10cm 面积内：下针短针、下针短针的配色花样、反短针 27 针，37 行；短针 27 针，30 行

编织要点
● 包底钩织锁针起针 26 针，锁针周围钩织下针短针，钩织 12 行，然后钩织 1 行短针的条纹针。包身在包底指定位置加线，用下针短针的配色花样钩织 50 行，不加减针。钩织 1 行反短针。
● 纽襻参照编织方法图，钩织正面和反面的 2 片。
● 参照成品图组合。

成品图

前侧

纽襻（反面）

磁扣（凸面）

提手

磁扣（凹面）

后侧

纽襻（正面）

4

包身

① 纽襻缝在包身指定位置。
② 磁扣（凹面）缝在包身指定位置。
③ 提手缝在包身两端正面。

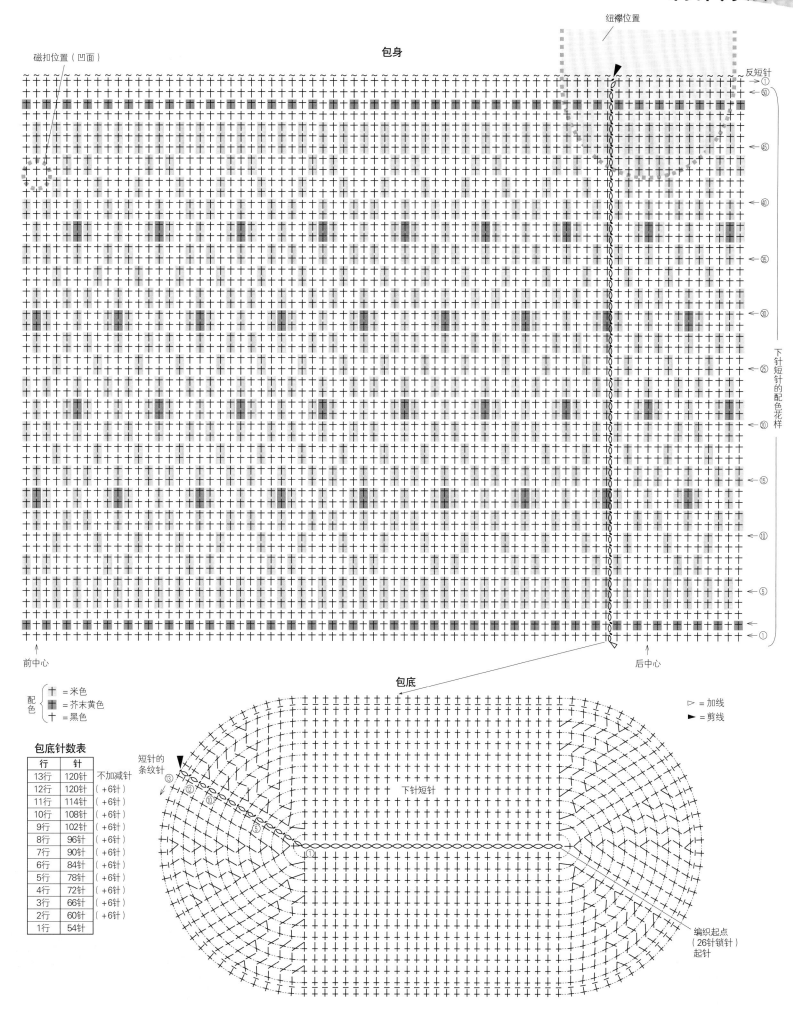

包身

纽襻位置

磁扣位置（凹面）

反短针

前中心

后中心

配色 { 十 ＝米色
十 ＝芥末黄色
十 ＝黑色

▷ ＝加线
► ＝剪线

包底

下针短针

短针的
条纹针

编织起点
（26针锁针）
起针

下针短针的配色花样

包底针数表

行	针	
13行	120针	不加减针
12行	120针	（+6针）
11行	114针	（+6针）
10行	108针	（+6针）
9行	102针	（+6针）
8行	96针	（+6针）
7行	90针	（+6针）
6行	84针	（+6针）
5行	78针	（+6针）
4行	72针	（+6针）
3行	66针	（+6针）
2行	60针	（+6针）
1行	54针	

p.25
梯形包

材料与工具
芭贝 Leafy 米色（761）30g，SILK SPIN LAME 白色系（203）25g，带子用的金属环（INAZUMA AK-103G）1 组，带龙虾扣的链条（INAZUMA BK-128G 长约 122cm）1 根，底钉（INAZUMA AK-3-6G）4 个，D 形环（内径 16mm）2 个，黑色粗纹缎带（宽 16mm）45cm，厚纸（18cm×15m）
钩针 7/0 号、3/0 号

成品尺寸
宽 18cm，深 12cm（不含提手）

编织密度
10cm×10cm 面积内：短针 16 针，17 行；编织花样 16 针，18 行

编织要点
●包底锁针起针 29 针，钩织 9 行短针。包身从包底周围挑针，参照图示一边减针一边钩织 20 行。缎带穿入孔在指定位置加线钩织 10 行。
●参照成品图组合。

※ 图解和成品图见 p.100

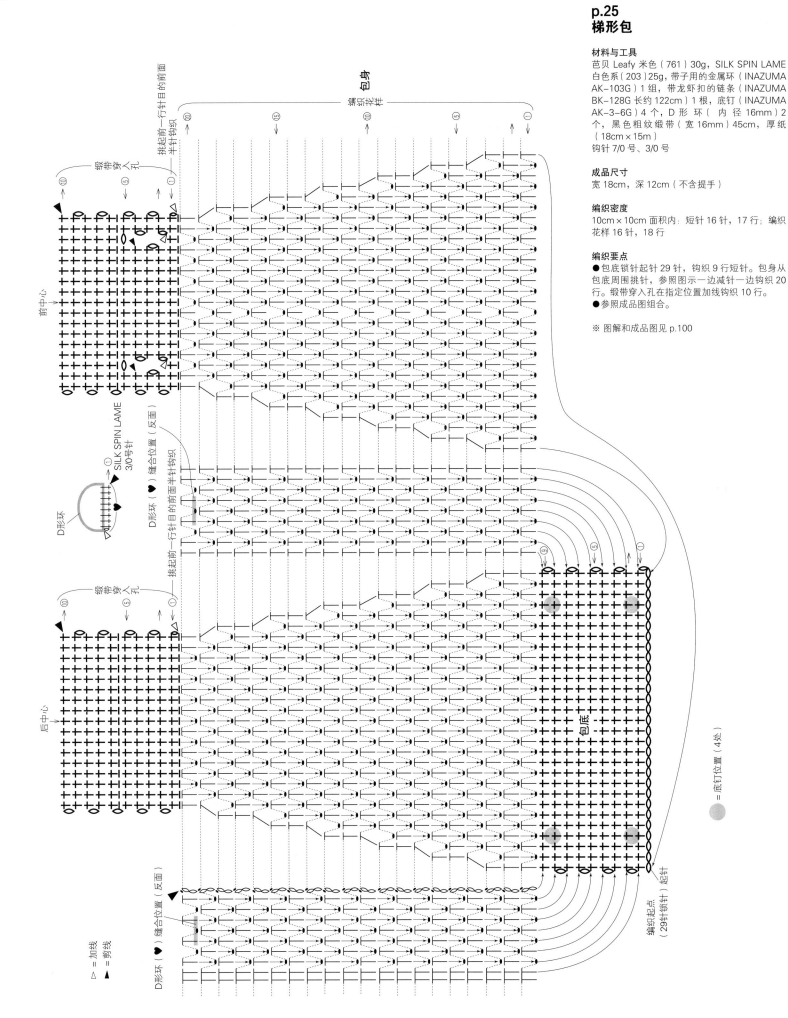

△ = 加线
▲ = 剪线

102

p.28
优雅链条方包

材料与工具
MARCHEN ART Manila Hemp Yarn Stain Series
卡其色（542）115g，烟灰色（541）15g；驼色
塑料链条（1130）1根；磁扣（直径18mm）1
组
钩针6/0号

成品尺寸
宽25cm，深12cm（不含提手）

编织密度
10cm×10cm 面积内：短针18.5针，17行；条
纹花样22针，9行

编织要点
●主体钩织锁针起针92针，连成环形。钩织46
行短针。
●包盖钩织36针锁针起针，然后钩织22行条纹
花样。此时，要注意织入中长针的位置。周围三
边钩织1行短针。
●参照组合方法，将主体和包盖组合在一起。

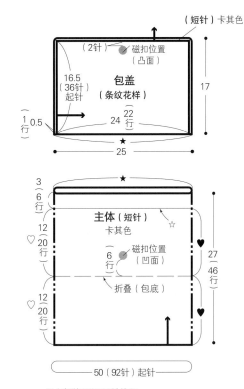

（短针）卡其色

（2针）
磁扣位置
（凸面）

16.5
（36针）
起针

包盖
（条纹花样）

17

1
行 0.5

24 22
行

25

3
6
行

★

主体（短针）
卡其色

磁扣位置
（凹面）

12
20
行

6
行

27
46
行

折叠（包底）

12
20
行

50（92针）起针

※全部使用6/0号针钩织

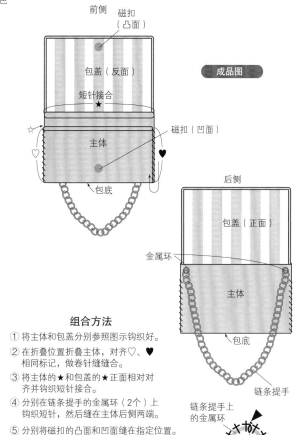

成品图

前侧
磁扣
（凸面）

包盖（反面）

短针接合
★

主体

磁扣（凹面）

包底

后侧

包盖（正面）

金属环

主体

包底

链条提手

组合方法
① 将主体和包盖分别参照图示钩织好。
② 在折叠位置折叠主体，对齐♡、♥
相同标记，做卷针缝缝合。
③ 将主体的★和包盖的★正面相对对
齐并钩织短针接合。
④ 分别在链条提手的金属环（2个）上
钩织短针，然后缝在主体后侧两端。
⑤ 分别将磁扣的凸面和凹面缝在指定位置。

链条提手上
的金属环

※用卡其色线在上
面钩织短针

▷ ＝加线
► ＝剪线

包盖

㉒

⑳

⑮

磁扣位置
（凸面）

⑩

★

⑤

①

编织起点
（36针锁针）
起针

配色 ｛ ── ＝卡其色
── ＝烟灰色

Ｔ、Ｔ ＝钩织中长针时，要挑起渡在前一行中长针反面
的1根横线钩织（第2行以后）

※普通的中长针是插入图中上方的
位置钩织的，这里是插入下方的
位置钩织的

主体

㊻
㊺

♥ ㊵

折叠
位置

⑳

⑮

⑩

⑤

①

编织起点
（92针锁针）起针

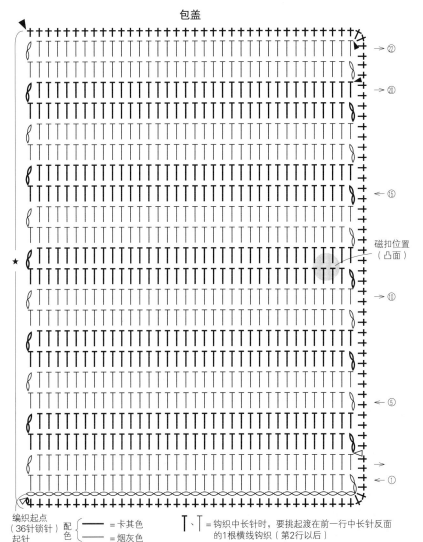

制作方法

▷ = 加线
► = 剪线

后主体和包盖

金属扣位置（凹面）

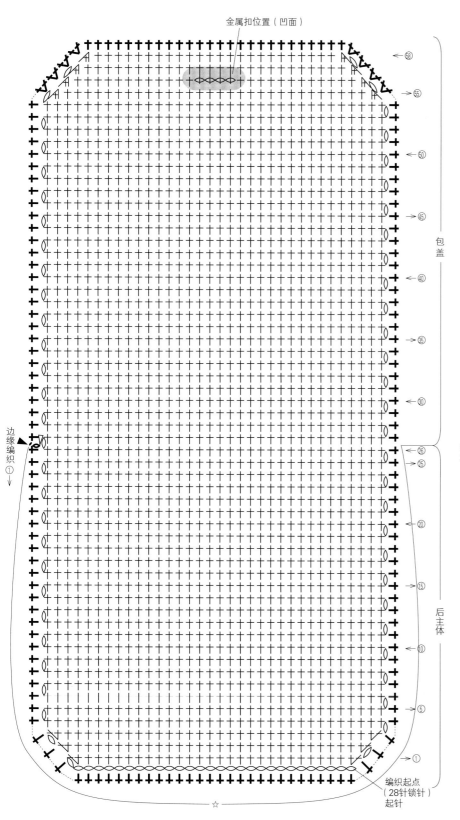

※☆部分（后主体）和侧面对齐钩织边缘
※包盖部分单独做边缘编织

※侧面和前主体的编织方法图见p.105

p.26
阳光单肩包

材料与工具
和麻纳卡 eco-ANDARIA 黄色（19）100g，
Mohair《colorful》黄色（303）50g，椭圆形金
属扣（和麻纳卡 H206-051-1）1组，带龙虾扣
的链条（INAZUMA BK-128G 长约122cm）1根，
D形环（INAZUMA AK-6-16G 内径 12mm）2
个
钩针 7/0 号

成品尺寸
宽21cm，深15.5cm

编织密度
10cm×10cm 面积内：短针 17 针，17 行

编织要点
※ 两种线各取 1 根并为 1 股编织
●侧面钩织 10 针锁针起针，然后钩织 80 行短针。
●后主体和包盖钩织 28 针锁针起针，然后钩织 58 行短针。
●前主体钩织 28 针锁针起针，然后钩织 26 行短针。
●参照成品图组合。

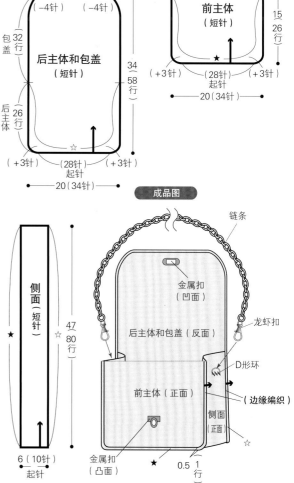

① 参照图示，分别钩织侧面、后主体和包盖、前主体。
② 侧面的☆和后主体的☆对齐，钩织边缘，然后连接包盖。侧面的★和前主体的★对齐，钩织边缘。
③ 金属扣（凹面）缝在包盖指定位置，金属扣（凸面）缝在前主体指定位置。
④ D形环缝在侧面指定位置。
⑤ 链条两端的龙虾扣和D形环连接。

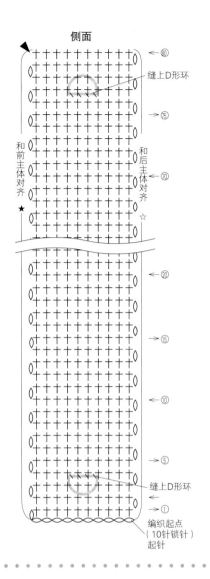

侧面

缝上D形环

和前主体对齐　和后主体对齐

★ ☆

缝上D形环

编织起点
（10针锁针）
起针

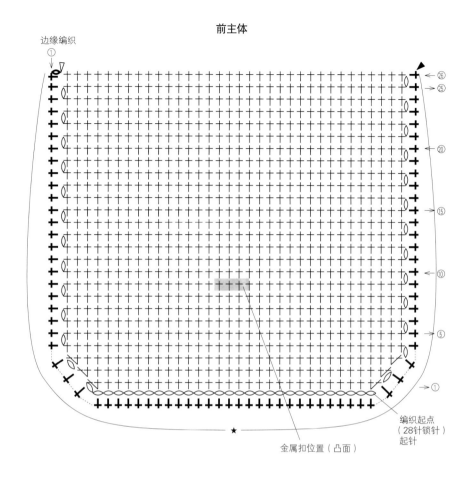

前主体

边缘编织
①

金属扣位置（凸面）

★

编织起点
（28针锁针）
起针

p.27
竹提手小包

材料与工具
芭贝 British Eroika 绿松石色（190）105g，竹提手（角田商店 D38）1组，圆形金属扣（角田商店 A501/CT-131/G）1组，螺丝式 D形环（角田商店 M106/G）4个，带龙虾扣的链条（角田商店 K112/G 长 120cm）1根
钩针 7/0 号

成品尺寸
宽 29.5cm，深 16cm（不含提手）

编织密度
10cm×10cm 面积内：短针 17 针，18 行

编织要点
●包底环形起针开始钩织，一边加针一边钩织 12 行短针。然后钩织包身，一边加针一边钩织 29 行短针。注意包身钩织至第 25 行时，需要在纽襻位置钩织 10 针短针。一边钩织纽襻一边钩织包身，在第 29 行指定位置连接 D 形环。
●参照成品图组合。

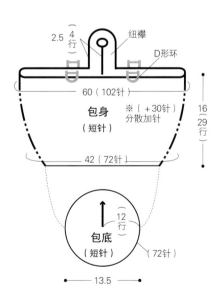

2.5 ┌4┐
　　└行┘

纽襻

D形环

60（102针）

包身
（短针）

※（+30针）
分散加针

16
（29行）

42（72针）

12
行

包底
（短针）

72针

13.5

※全部使用7/0号针钩织
※包身第29行在指定位置连接4个D形环

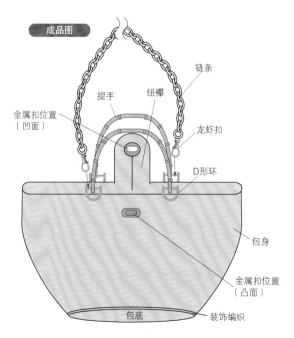

成品图

链条

提手　纽襻

金属扣位置
（凹面）

龙虾扣

D形环

包身

金属扣位置
（凸面）

包底　装饰编织

① 参照图示，接着包底钩织包身。
② 将包底第12行和包身第1行头部重叠在一起挑针，包身在前，做1行装饰编织。
③ 金属扣（凹面）安装在纽襻的孔中，金属扣（凸面）安装在包身指定位置。
④ 在提手的安装孔中，穿入D形环，将D形环的螺丝拧紧。
⑤ 链条两端的龙虾扣和指定位置的D形环连接。

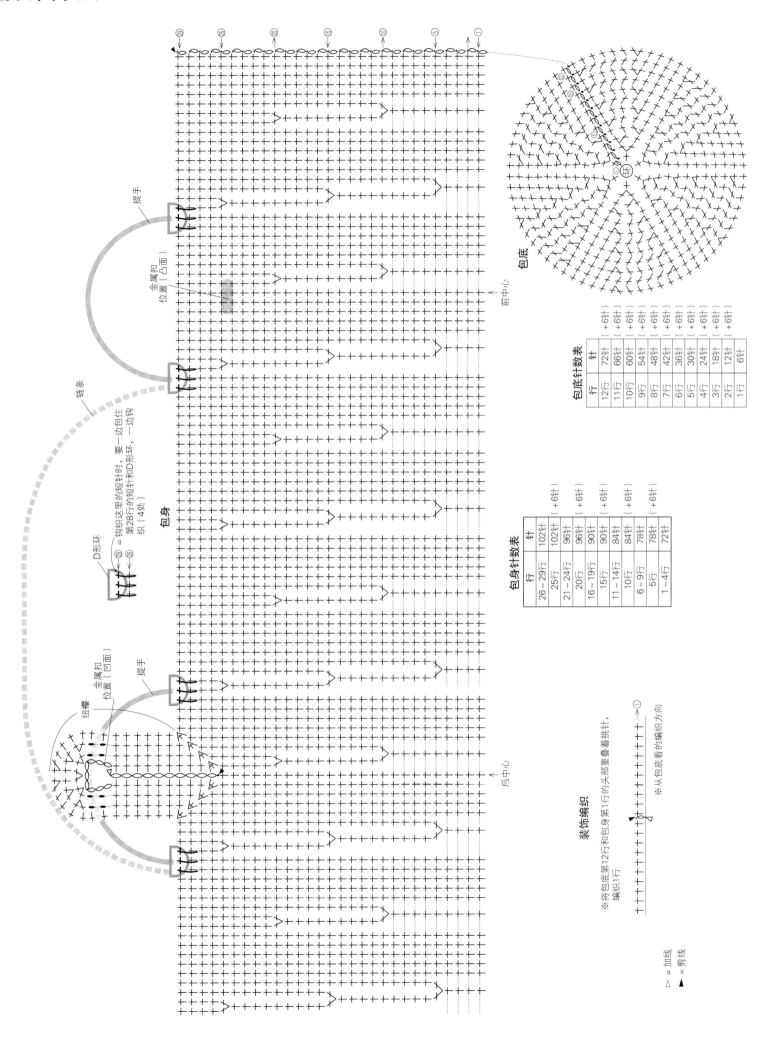

包底

包身

提手

链条

金属扣
位置（凸面）

前中心

D形环

㉙ = 钩织这里的短针时，要一边包住
第28行的短针和D形环，一边钩
㉘← 织（4处）

金属扣
位置（凹面）

提手

纽襻

后中心

装饰编织

※将包底第12行和包身第1行的头部重叠着挑针，
编织1行

※从包底看的编织方向 →①

△ = 加线
▲ = 剪线

包底针数表

行	针	
12行	72针	（+6针）
11行	66针	（+6针）
10行	60针	（+6针）
9行	54针	（+6针）
8行	48针	（+6针）
7行	42针	（+6针）
6行	36针	（+6针）
5行	30针	（+6针）
4行	24针	（+6针）
3行	18针	（+6针）
2行	12针	（+6针）
1行	6针	

包身针数表

行	针	
26~29行	102针	
25行	102针	（+6针）
21~24行	96针	
20行	96针	（+6针）
16~19行	90针	
15行	90针	（+6针）
11~14行	84针	
10行	84针	（+6针）
6~9行	78针	
5行	78针	（+6针）
1~4行	72针	

p.40
菱形格红色围巾

材料与工具
DARUMA Shetland Wool 红色（10）215g
棒针 6 号

成品尺寸
宽 41cm，长 154cm（不含流苏）

编织密度
10cm×10cm 面积内：编织花样 16 针，25 行

编织要点
● 手指挂线起针 67 针，编织 3 行起伏针。
● 起伏针第 4 行编织 2 针加针，然后编织 384 行编织花样。
● 编织起伏针，第 2 行编织 2 针减针，第 3 行做伏针收针（因为是反面编织的，所以做下针的伏针收针，从正面看就是上针）。
● 制作流苏，连接在相应位置。

编织花样

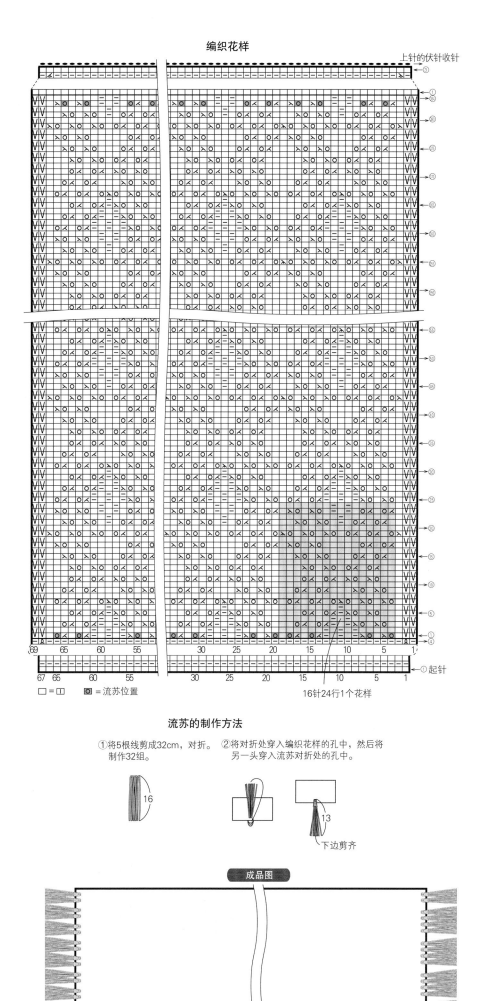

□＝凹凸　◎＝流苏位置

16针24行1个花样

流苏的制作方法

①将5根线剪成32cm，对折。制作32组。　②将对折处穿入编织花样的孔中，然后将另一头穿入流苏对折处的孔中。

16

13

下边剪齐

成品图

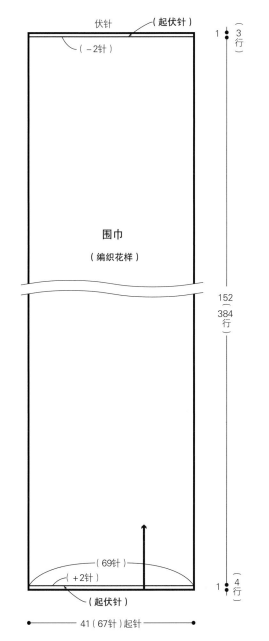

围巾

（编织花样）

伏针　（起伏针）

（－2针）

1 ● 3（行）

152（384行）

（69针）

（＋2针）

（起伏针）

1 ● 4（行）

41（67针）起针

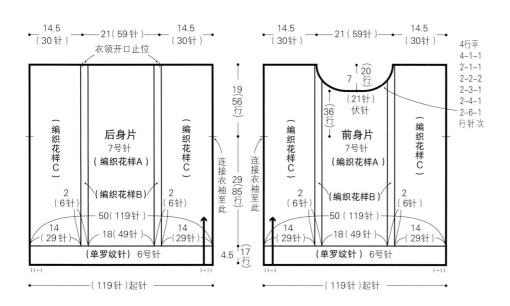

材料与工具
DARUMA 饱含空气的 Wool Alpaca 浅褐色（03）
280g
棒针 7 号、6 号

成品尺寸
胸围 100cm，衣长 52.5cm，连肩袖长 51.5cm

编织密度
10cm×10cm 面积内：下针编织 20 针，29.5 行；
编织花样 A、B 均为 27.5 针，29.5 行；编织花
样 C 20.5 针，29.5 行；编织花样 D 17 针，29.5
行

编织要点
●身片手指挂线起针，编织单罗纹针。然后按照
图示做编织花样。
●衣袖手指挂线起针，做下针编织。然后做编织
花样 D 和下针编织，用第 1 行的编织花样加针。
编织 60 行后，按照图示在下针编织第 1 行和第
2 行减针，编织单罗纹针。参照图示，在袖山打褶。
●肩部从左肩做盖针接合，后领窝做伏针收针，
然后接合右肩。
●袖中心对齐剪线，用引拔针将身片和衣袖连接
起来。
●袖下、胁部使用毛线缝针挑针缝合。
●编织衣领。

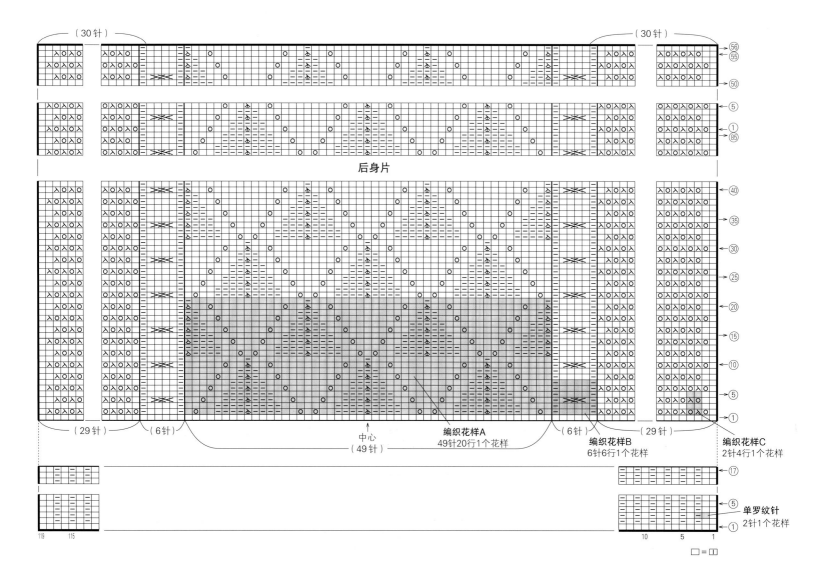

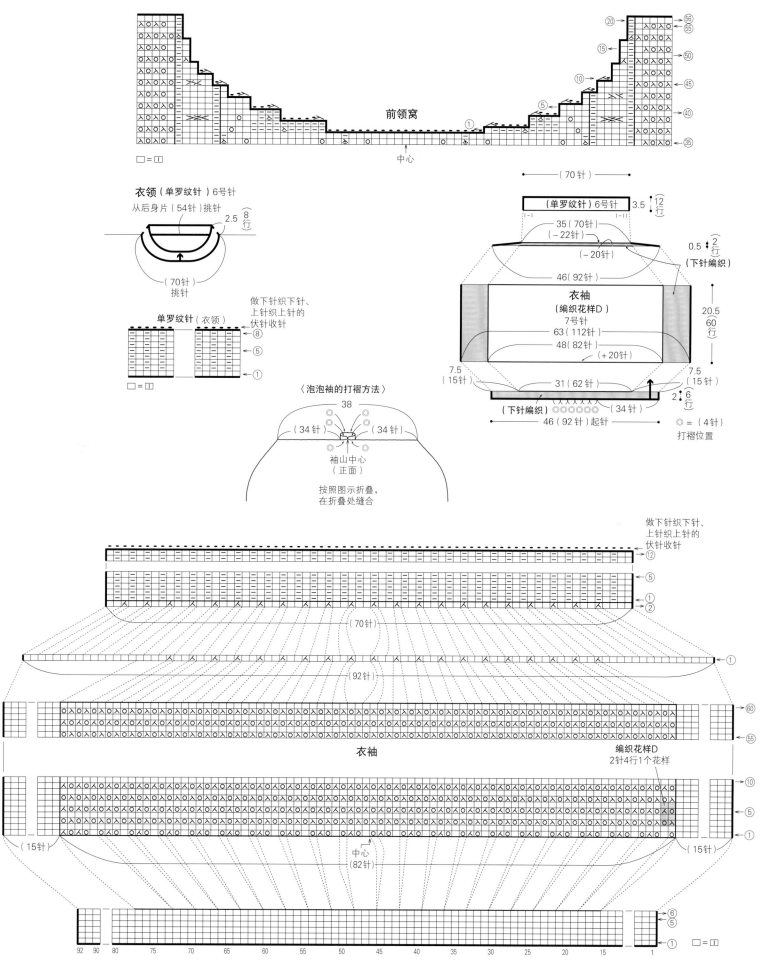

前领窝

中心

□ = □

衣领（单罗纹针）6号针

从后身片（54针）挑针

2.5（8行）

（70针）挑针

单罗纹针（衣领）

做下针织下针、上针织上针的伏针收针

⑧

⑤

①

□ = □

〈泡泡袖的打褶方法〉

38

（34针）

（34针）

袖山中心（正面）

按照图示折叠，在折叠处缝合

（70针）

（单罗纹针）6号针 3.5 ⟨12行⟩

35（70针）

（－22针）

（－20针）

46（92针）

0.5 ⟨2行⟩（下针编织）

衣袖（编织花样D）7号针

63（112针）

48（82针）

（＋20针）

20.5（60行）

7.5（15针）

7.5（15针）

31（62针）

（下针编织）◎◎◎◎◎◎（34针）

2 ⟨6行⟩

46（92针）起针

◎ =（4针）打褶位置

做下针织下针、上针织上针的伏针收针

⑫

⑤

①

②

（70针）

（92针）

①

衣袖

编织花样D

2针4行1个花样

⑥⑩

⑤⑤

⑩

⑤

①

（15针）

（15针）

中心（82针）

⑥

⑤

①

□ = □

92 90 80 75 70 65 60 55 50 45 40 35 30 25 20 15 1

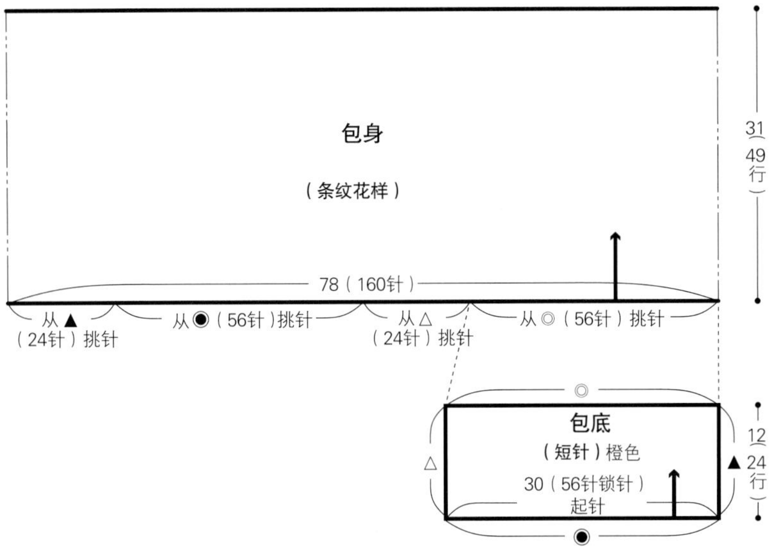

包身
（条纹花样）
31
49行
78（160针）
从▲（24针）挑针
从◉（56针）挑针
从△（24针）挑针
从◎（56针）挑针
◎
包底
（短针）橙色
30（56针锁针）起针
△
▲
12
24行
◉

※全部使用6/0号针钩织

p.42
条纹托特包

材料与工具
DARUMA SASAWASHI 自然白色（1）140g，橙色（10）75g，紫灰色（7）15g
钩针 6/0 号

成品尺寸
宽 39cm，深 31cm

编织密度
10cm×10cm 面积内：短针 18.5 针，20 行；条纹花样 20.5 针，16 行

编织要点
●包底钩织锁针起针，做 24 行短针的往返编织。
●包身从包底周围挑针，钩织 1 行短针的反拉针，然后做条纹花样。
●钩织 2 根提手。做卷针缝缝合，留下编织起点和编织终点的 6 行，然后缝在指定位置。

条纹花样

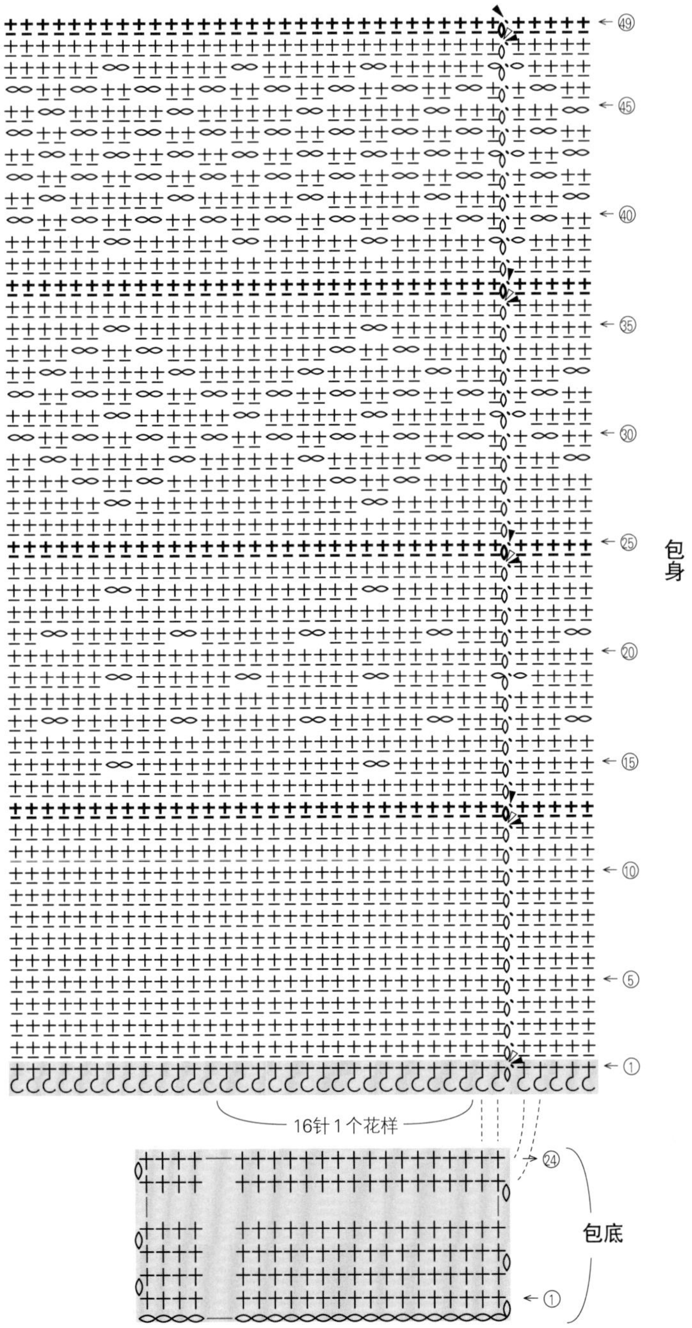

49
45
40
35
30
25
20
15
10
5
1
包身
16针1个花样
24
1
包底

▻ = 加线
► = 剪线

配色
▭ = 橙色
— = 自然白色
— = 紫灰色

= 短针的反拉针

± = 短针的条纹针

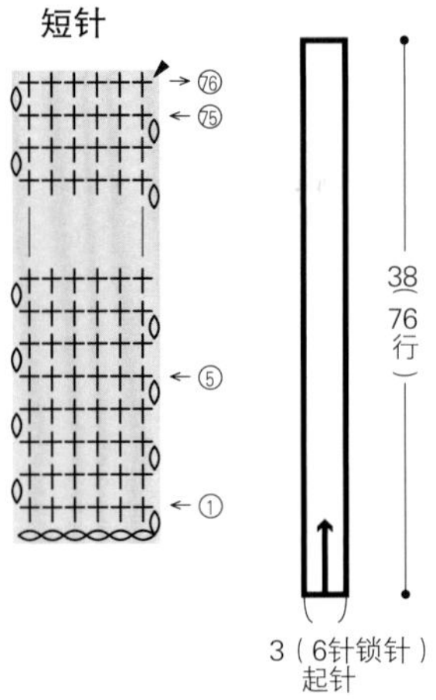

短针
76
75
5
1
提手
（短针）
橙色 2根
38
76行
3（6针锁针）起针

组合方法

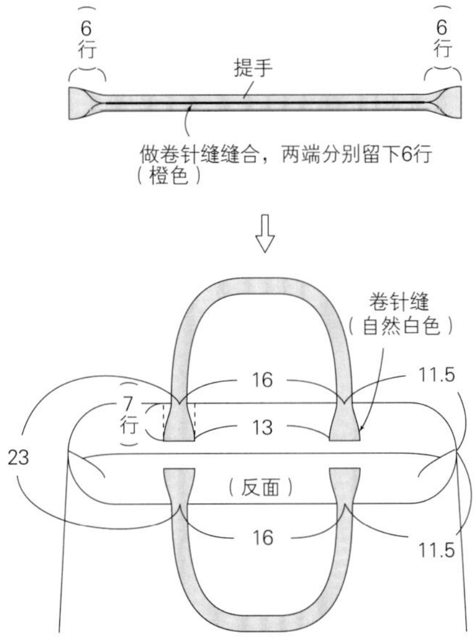

6行
6行
提手
做卷针缝缝合，两端分别留下6行（橙色）
卷针缝（自然白色）
16
11.5
7行
13
23
（反面）
16
11.5

p.41
遮阳帽

材料与工具
芭贝 Leafy 自然白色（761）50g，卡其色系段染（741）20g
钩针 5/0 号

成品尺寸
帽围 58cm，帽深 13cm

编织密度
10cm×10cm 面积内：短针 19.5 针，22 行；编织花样 20.5 针，16 行

编织要点
●环形起针，一边钩织短针加针，一边钩织帽顶。帽身不加减针，做编织花样。帽檐一边加针，一边钩织短针。

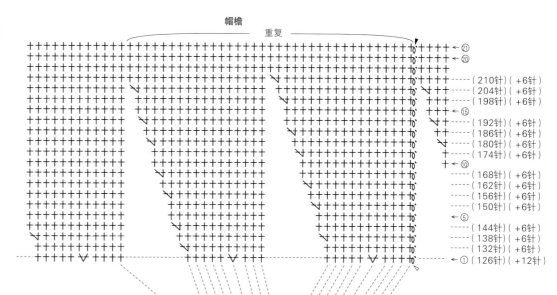

帽檐
重复

（210针）（+6针）
（204针）（+6针）
（198针）（+6针）
（192针）（+6针）
（186针）（+6针）
（180针）（+6针）
（174针）（+6针）
（168针）（+6针）
（162针）（+6针）
（156针）（+6针）
（150针）（+6针）
（144针）（+6针）
（138针）（+6针）
（132针）（+6针）
①（126针）（+12针）

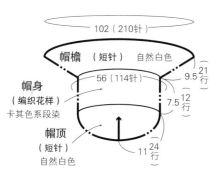

102（210针）
帽檐（短针）自然白色
帽身（编织花样）卡其色系段染
56（114针）　9.5 21行
　　　　　　 7.5 12行
帽顶（短针）自然白色
11 24行

※全部使用5/0号针钩织

帽顶针数表

行	针	
21~24行	114针	不加减针
20行	114针	（+6针）
19行	108针	不加减针
18行	108针	（+6针）
17行	102针	不加减针
16行	102针	（+6针）
15行	96针	（+6针）
14行	90针	（+6针）
13行	84针	（+6针）
12行	78针	（+6针）
11行	72针	（+6针）
10行	66针	（+6针）
9行	60针	（+6针）
8行	54针	（+6针）
7行	48针	（+6针）
6行	42针	（+6针）
5行	36针	（+6针）
4行	30针	（+6针）
3行	24针	（+6针）
2行	18针	（+6针）
1行	12针	

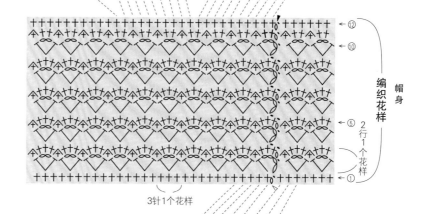

编织花样　帽身
2行1个花样
3针1个花样

▷ = 加线
► = 剪线

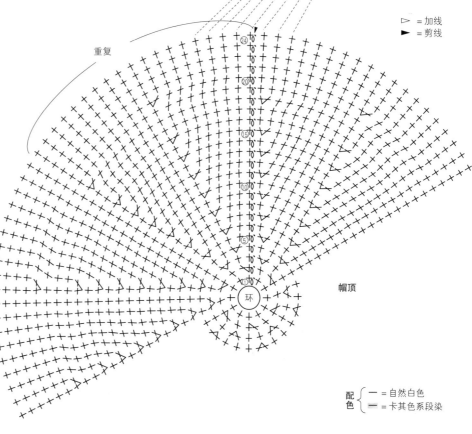

重复　帽檐
环
帽顶

配色 ─ = 自然白色
配色 ━ = 卡其色系段染

111

②① 边缘编织 柚色

连接花片和边缘编织

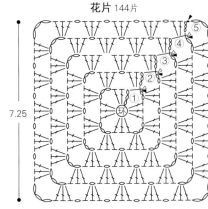

p.49
多彩方格毛毯

材料与工具
DARUMA iroiro 柚色（30）168g，乳白色（1）、紫色（46）各73g，黄豆色（4）49g，沙米色（9）22g，布朗尼色（11）、群青色（13）、孔雀绿色（16）、牛仔蓝色（18）、新茶色（27）、橘色（35）、红色（37）、果粉色（38）各17g，萝卜色（43）8g
钩针 5/0 号

成品尺寸
89cm × 89cm

编织密度
花片大小为 7.25cm × 7.25cm

编织要点
● 花片环形起针，参照 A 组、B 组配色表钩织。
● 参照布局图连接花片，将花片对齐，做半针的卷针缝合。
● 边缘用柚色线钩织 2 行。

花片 144 片

7.25

7.25

► = 剪线
▷ = 加线

毛毯

边缘编织 1（2 行）

87（12片）

87（12片）

7.25
7.25

A组布局图

A1	A2	A3
A4	A5	A6
A7	A8	A9

B组布局图

B1	B2	B3
B4	B5	B6
B7	B8	B9

花片A组配色表

编号	第1行	第2行	第3行	第4行	第5行
A1	黄豆色	橘色	红色	乳白色	
A2	乳白色	紫色	黄豆色	孔雀绿色	
A3	新茶色	乳白色	果粉色	黄豆色	
A4	布朗尼色	黄豆色	乳白色	牛仔蓝色	
A5	乳白色	牛仔蓝色	沙米色	果粉色	柚色
A6	紫色	沙米色	群青色	乳白色	
A7	孔雀绿色	乳白色	黄豆色	萝卜色	
A8	橘色	布朗尼色	新茶色	乳白色	
A9	乳白色	群青色	黄豆色	红色	

花片B组配色表

编号	第1行	第2行	第3行	第4行	第5行
B1	黄豆色	孔雀绿色	乳白色	紫色	
B2	红色	乳白色	黄豆色	橘色	
B3	黄豆色	果粉色	乳白色	新茶色	
B4	牛仔蓝色	布朗尼色	乳白色	黄豆色	
B5	萝卜色	黄豆色	孔雀绿色	乳白色	柚色
B6	群青色	乳白色	紫色	沙米色	
B7	果粉色	乳白色	牛仔蓝色	沙米色	
B8	黄豆色	红色	乳白色	群青色	
B9	乳白色	新茶色	橘色	布朗尼色	

p.50
清爽方格单肩包

材料与工具
包包（大）：和麻纳卡 eco-ANDARIA《Crochet》
绿色（809）120g，米色（802）35g
包包（小）：和麻纳卡 eco-ANDARIA《Crochet》
米色（802）90g，绿色（809）25g
钩针 4/0 号

成品尺寸
大包：宽 46cm，深 45cm（提手除外）
小包：宽 37cm，深 36cm（提手除外）

编织密度
花片大小为 6.5cm×6.5cm

编织要点
●环形起针，大包钩织 73 片花片，小包钩织 46 片花片。
●参照图示，将花片对齐，做半针的卷针缝缝合。
●最后对齐○和○、●和○、●和●，做卷针缝缝合，缝成袋形。边缘钩织 7 行短针和长针。
●提手钩织 180 针锁针起针，一边钩织短针加针，一边钩织 7 行。对齐☆标记 78 针做半针的卷针缝缝合。
●用卷针缝的方法将提手缝合在包包上。

花片

6.5

6.5

第2、3行 { （大）绿色 / （小）米色 }

第1行 { （大）米色 / （小）绿色 }

提手 （大）米色 （小）绿色
☆（78针）
3 主体位置 3
主体位置
☆（78针）
（180针）起针
46
对齐☆标记做半针的卷针缝缝合

包包（大） 花片73片
9 6.5 6.5
包口
侧面
包底
侧面
包口

成品图
包包（小）

包包（小） 花片46片
9 6.5 6.5
包口
侧面
包底
侧面
包口

提手
7行 3
7行 2.5
边缘编织
7行 9
9 7行
包包
（连接花片）
大 36 花片（4片）
小 27 花片（3片）
大 45 花片（5片）
小 36 花片（4片）
46

连接花片和边缘编织

►=剪线
▷=加线

包包（大） { † = 绿色 / † = 米色 }
包包（小） { † = 米色 / † = 绿色 }

提手位置

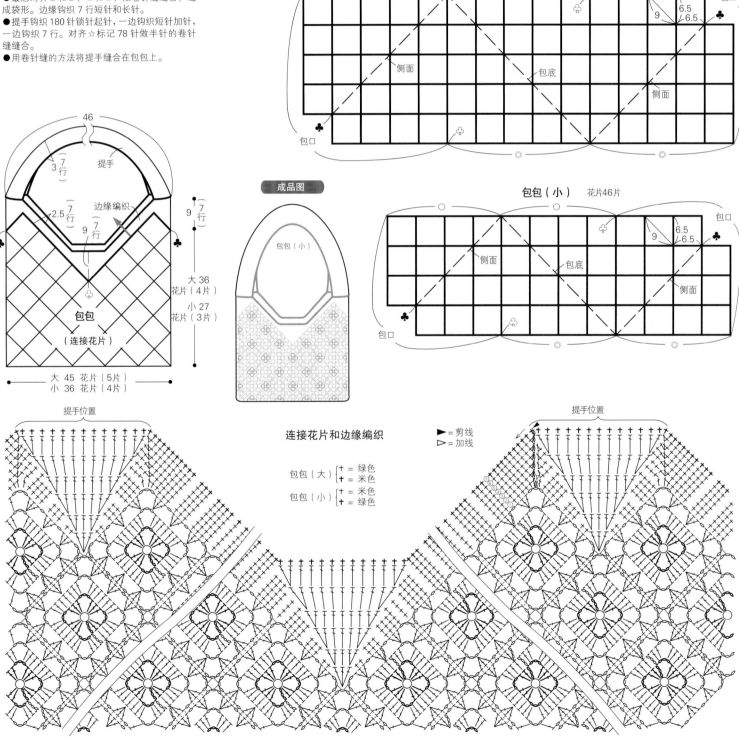

113

编织花样　4针2行1个花样

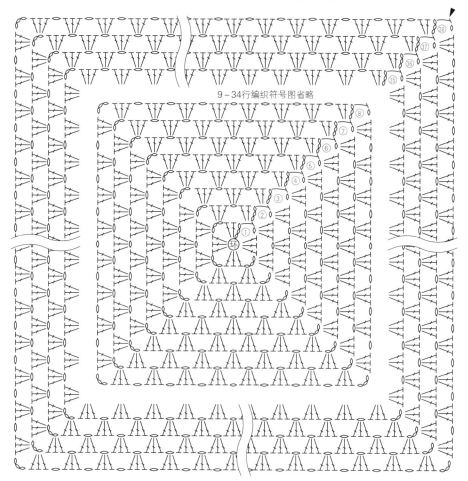

9~34行编织符号图省略

p.51
波莱罗开衫

材料与工具
和麻纳卡 FUGA《solo color》芥末黄色（111）
420g
钩针 8/0 号

成品尺寸
自由

编织密度
10cm×10cm 面积内：编织花样 17 针，8 行

编织要点
●环形起针，一边加针一边钩织至第 38 行。
●对齐胁部的☆和☆、★和★标记，钩织 3 针锁针和短针接合。
●袖口钩织 10 行米编。
●衣领和下摆继续钩织 12 行米编。

胁部的接合方法
正面相对对齐，长针部分钩织 3 针锁针接合，锁针部分整段挑起双方针目钩织短针接合

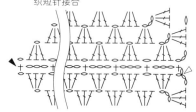

▷ = 加线
► = 剪线

衣领、下摆　米编

袖口　米编

衣袖中心

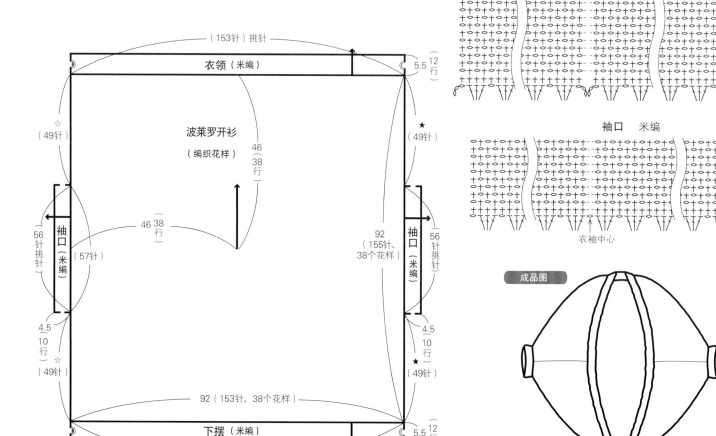

波莱罗开衫

（153针）挑针
衣领（米编）　5.5〔12行〕

☆（49针）　★（49针）

波莱罗开衫
（编织花样）

46（38行）

46〔38行〕

92（155针、38个花样）

袖口（米编）　56针挑针　（57针）

92（153针、38个花样）

4.5〔10行〕☆（49针）　4.5〔10行〕★（49针）

下摆（米编）　5.5〔12行〕

（153针）挑针

成品图

p.61
两用暖手套

材料与工具
成人款：DARUMA Shetland Wool 绿色（12）
50g，燕麦色（2）20g
棒针6号、7号
儿童款：DARUMA Soft Lamb 深蓝色（28）
30g，香草色（8）20g
棒针3号、4号

成品尺寸
成人款：掌围20cm，长32cm
儿童款：掌围16cm，长26cm

编织密度
成人款：
10cm×10cm 面积内：编织花样24针，30行；
单罗纹针33针，26行
儿童款：
10cm×10cm 面积内：编织花样30针，35行；
单罗纹针40针，33行

编织要点
成人款、儿童款通用
●手指挂线起针，连成环形，编织13行单罗纹针，然后做13行往返编织用作拇指孔。接着环形做26行单罗纹针。继续做编织花样，一边加针一边做19行下针编织。下针编织休针，做编织花样至第31行，然后编织4行单罗纹针，做下针织下针、上针织上针的伏针收针。休针的下针编织继续编织4行，然后编织2行单罗纹针，做伏针收针。
●用同样方法再编织1只。

卷针缝缝合（对齐做半针缝缝合）

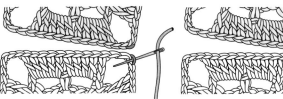

1 看着花片正面将其对齐，从下面将钩针插入前方花片角部锁针的外侧半针，将针抽出。

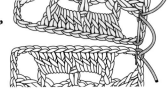

2 2片花片均将针插入花片角部锁针的外侧半针。在第1针中插入2次。

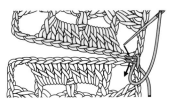

3 然后分别如箭头所示将针插入外侧半针。

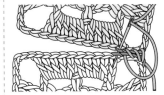

4 逐针按照相同方法入针缝合。

成品图

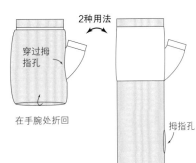

2种用法

穿过拇指孔

在手腕处折回

拇指孔

暖手套

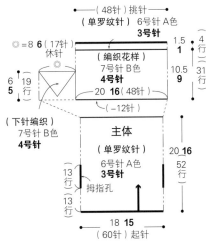

—（48针）挑针—
（单罗纹针）6号针A色
3号针
◎ =8 **6**（17针）休针
（编织花样）
7号针B色
4号针
1.5 **1**（**4**行）
10.5 **9**（31行）
20 **16**（48针）
（−12针）
6 **5** 19 **15** 行

（下针编织）
7号针B色
4号针

主体
（单罗纹针）
6号针A色
3号针
拇指孔
13行
13行
20 **16** 52行

18 **15**
（60针）起针

※粗字为儿童款数据
※下针编织和编织花样连在一起编织

A色=成人款：绿色 儿童款：深蓝色
B色=成人款：燕麦色 儿童款：香草色

拇指孔
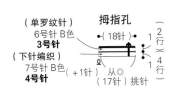
（单罗纹针）
6号针B色
3号针
（下针编织）
7号针B色
4号针
（+1针）从（17针）挑针
2行
4行

拇指孔
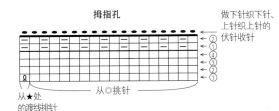
（18针）
做下针织下针、上针织上针的伏针收针
从★处的渡线挑针
从◎处（17针）挑针

做下针织下针、上针织上针的伏针收针

Ω = 扭针加针

编织花样
12针1个花样
8针1个花样

单罗纹针

□ = 凵

配色 □=成人款：绿色 儿童款：深蓝色
□=成人款：燕麦色 儿童款：香草色

制作方法

绣球花发饰（通用）
无纺布纸型

底座

绣球花发圈 2片
绣球花发卡 2片

绣球花发饰（通用）
叶子 各1片

黄绿色（293）取2根线 蕾丝针0号

编织起点
1.5
3

绣球花发饰、绣球花胸针（通用）

花朵

颜色和片数参照图解
蕾丝针8号

编织起点
环
1.5
1.5

中心不收紧，稍微打
开一点

► = 剪线

---

p.56
绣球花发饰和绣球花胸针

材料与工具
通用：无纺布，手工艺用黏合剂，针，手缝线，蕾丝针8号
绣球花发饰：奥林巴斯 金票 #40 蕾丝线 可可色（813）、米色（741）、原白色（731）、象牙色（852）、乳白色（802）、黄绿色（293）各少量，发圈、发卡各1个，蕾丝针0号
绣球花胸针：奥林巴斯 金票 #40 蕾丝线 黄色（503）、浅黄色（521）、奶油色（520）、乳白色（802）、黄绿色（293）各少量，胸针别针1个

成品尺寸
绣球花发饰：
纵向约3.5cm，横向约5cm（除去发圈或发卡）
绣球花胸针：
纵向约4cm，横向约4cm

编织要点
绣球花发饰（通用）：
●参照图示，钩织9片花朵花片。
●按照纸型裁剪无纺布，参照图示用黏合剂将钩织好的花朵粘贴在上面。
●在花朵中心缝合。用黄绿色线在无纺布反面入针刺绣，打结后回到反面。此时，如果在黏合剂尚未干燥时入针，会很容易穿过。
●取2根线钩织叶子，粘贴在花朵所在的无纺布反面。
绣球花发圈：
●花片反面全部粘贴在无纺布上面，待黏合剂干燥后，看着正面裁剪无纺布边缘，使其不要露出来。周围用线做锁边绣，然后缝在发圈上。
绣球花发卡：
●粘贴叶子后，结合形状裁剪无纺布，缝上发卡。用黏合剂粘贴，周围做锁边绣。
绣球花胸针：
●每种颜色分别钩织2片花朵花片。
●按照纸型裁剪无纺布，参照图示用黏合剂将花朵粘贴在上面。
●在花朵中心缝合。用黄绿色线在无纺布反面入针刺绣，打结后回到反面。此时，如果在黏合剂尚未干燥时入针，会很容易穿过。
●在反面再粘贴1片无纺布，缝合胸针别针。

绣球花发圈图解

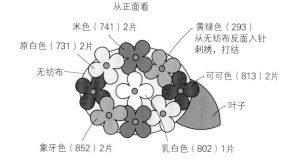

从正面看

乳白色（802）2片
象牙色（852）3片
无纺布
可可色（813）1片
米色（741）2片
叶子
原白色（731）1片
黄绿色（293）
从无纺布反面入针刺绣，打结

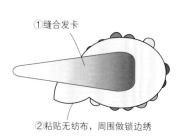

从反面看

②缝合发圈
①粘贴无纺布，周围做锁边绣

绣球花发卡图解

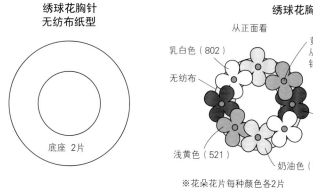

从正面看

米色（741）2片
黄绿色（293）
从无纺布反面入针刺绣，打结
原白色（731）2片
无纺布
可可色（813）2片
叶子
象牙色（852）2片
乳白色（802）1片

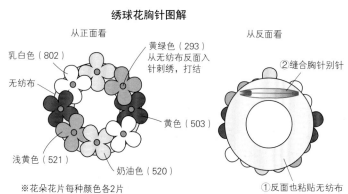

从反面看

①缝合发卡
②粘贴无纺布，周围做锁边绣

绣球花胸针
无纺布纸型

底座 2片

绣球花胸针图解

从正面看

乳白色（802）
黄绿色（293）
从无纺布反面入针刺绣，打结
无纺布
黄色（503）
浅黄色（521）
奶油色（520）

※花朵花片每种颜色各2片

从反面看

②缝合胸针别针
①反面也粘贴无纺布

p.57
小圆花胸针

材料与工具
DARUMA 蕾丝线 #20 A色 约70cm，B色 约240cm，C色约180cm（参照配色表）
无纺布适量，手工艺用黏合剂，胸针别针（25mm）各1个，手缝线
钩针 2/0 号，手缝针

成品尺寸
纵向约6cm，横向约4.5cm

编织要点
●参照配色表钩织花朵。花朵中心用A色线钩织，换用B色线钩织花朵外侧。
●茎和叶子用C色线钩织。注意茎和叶子不要扭转。
●在喜欢颜色的无纺布上涂抹黏合剂，依次粘贴茎、叶子、花朵。粘贴叶尖等细节处时，用镊子整理好形状。
●黏合剂干燥后，剪掉周围的无纺布，缝合胸针别针。

花朵
A、B色

▷ = 加线
▶ = 剪线

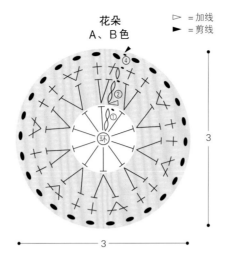

配色表

	花朵		茎、叶子
	第1行 A色	第2~4行 B色	C色
a	灰色（14）	红色（10）	黑色（15）
b	孔雀蓝色（8）	粉米色（5）	烟蓝色（7）
c	芥末黄色（17）	薄荷绿色（16）	原白色（2）
d	孔雀蓝色（8）	芥末黄色（17）	橄榄绿色（11）
e	浅褐色（4）	柠檬色（12）	烟蓝色（7）
f	浅褐色（4）	果粉色（6）	灰色（14）
g	粉米色（5）	藏青色（9）	薄荷绿色（16）
h	黑色（15）	原白色（2）	灰色（14）
i	橄榄绿色（11）	粉米色（5）	孔雀蓝色（8）
j	孔雀蓝色（8）	原白色（2）	鲜绿色（19）
k	粉米色（5）	孔雀蓝色（8）	橄榄绿色（11）

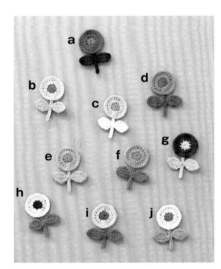

k…p.57 模特佩戴

茎、叶子
C色

按照①②③④的顺序依次钩织
叶子部分按照ⒶⒷⒸⒹ的顺序钩织

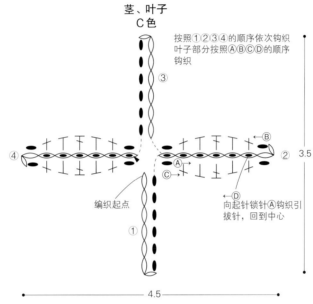

编织起点

向起针锁针Ⓐ钩织引拔针，回到中心

成品图

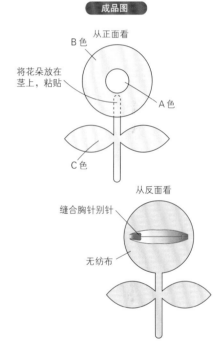

从正面看
B色
将花朵放在茎上，粘贴
A色
C色

从反面看
缝合胸针别针
无纺布

---

p.63
动物手指玩偶（小兔）

小兔主体

前侧　刺绣

小兔耳朵 2片

缝合侧

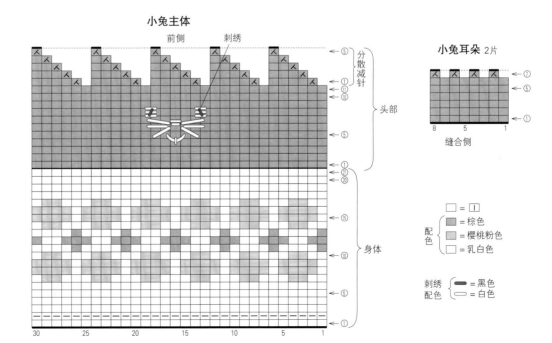

分散减针
头部
身体

□ = |
配色 { ■ = 棕色
■ = 樱桃粉色
□ = 乳白色

刺绣 ▬ = 黑色
配色 □ = 白色

※材料、工具和组合方法参照p.63

制作方法

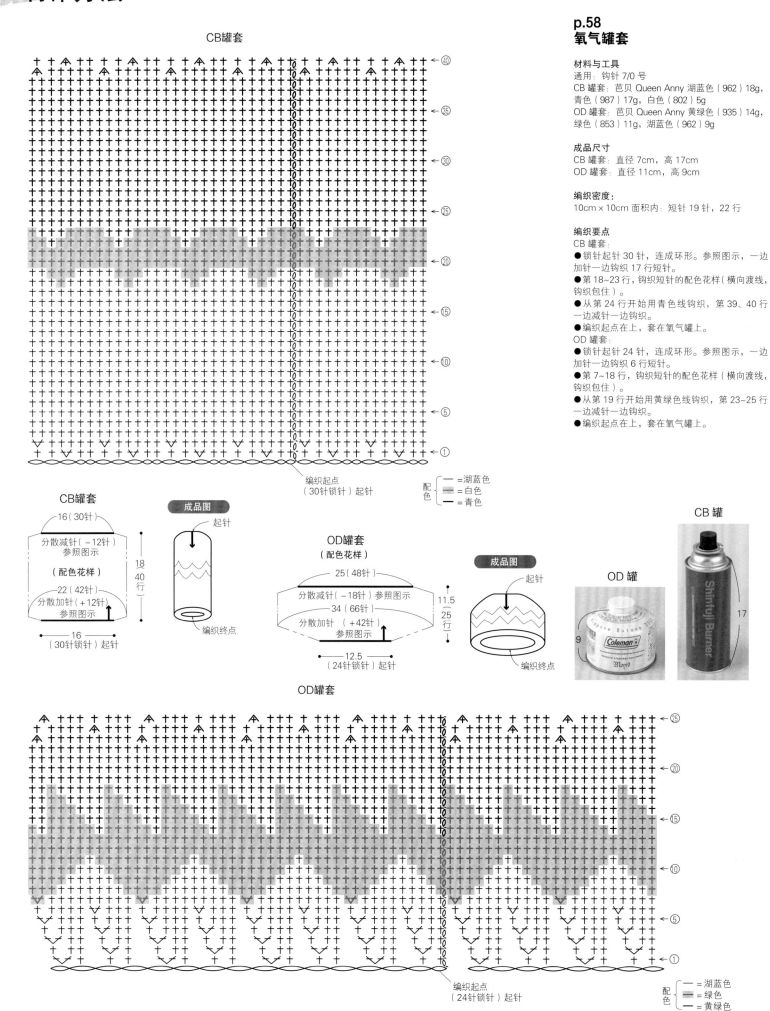

p.58
氧气罐套

材料与工具
通用：钩针 7/0 号
CB 罐套：芭贝 Queen Anny 湖蓝色（962）18g，青色（987）17g，白色（802）5g
OD 罐套：芭贝 Queen Anny 黄绿色（935）14g，绿色（853）11g，湖蓝色（962）9g

成品尺寸
CB 罐套：直径 7cm，高 17cm
OD 罐套：直径 11cm，高 9cm

编织密度：
10cm×10cm 面积内：短针 19 针，22 行

编织要点
CB 罐套
●锁针起针 30 针，连成环形。参照图示，一边加针一边钩织 17 行短针。
●第 18~23 行，钩织短针的配色花样（横向渡线，钩织包住）。
●从第 24 行开始用青色线钩织，第 39、40 行一边减针一边钩织。
●编织起点在上，套在氧气罐上。
OD 罐套
●锁针起针 24 针，连成环形。参照图示，一边加针一边钩织 6 行短针。
●第 7~18 行，钩织短针的配色花样（横向渡线，钩织包住）。
●从第 19 行开始用黄绿色线钩织，第 23~25 行一边减针一边钩织。
●编织起点在上，套在氧气罐上。

118

p.59
抽绳围脖

材料与工具
成人款: 芭贝 Alba 白色（0130）、米色（1087）、灰色（1094）各40g
儿童款: 芭贝 Alba 米色（1087）30g、褐色（1089）、粉色（1170）各20g
棒针6号，钩针4/0号
定位扣各1个

成品尺寸
成人款: 颈围65cm，长27.5cm
儿童款: 颈围53cm，长22cm

编织密度
10cm×10cm 面积内: 配色花样24针，28行

编织要点
● 主体手指挂线起针，编织单罗纹针、配色花样、单罗纹针。编织终点做伏针收针。
● 取2根线编织抽绳。
● 主体两端使用毛线缝针挑针缝合成环形，编织终点侧的单罗纹针折向内侧，折成双层，一边夹入抽绳，一边缝合。
● 穿上定位扣，在抽绳端头打结。

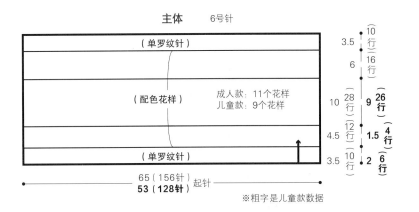

主体　6号针

（单罗纹针）

（配色花样）　　成人款: 11个花样　儿童款: 9个花样

（单罗纹针）

3.5 ｛10行｝
6 ｛16行｝
10 28行 **9**（**26行**）
4.5 12行 **1.5**（**4行**）
3.5 10行 **2**（**6行**）

65（156针）起针
53（128针）

※粗字是儿童款数据

配色表

	成人款	儿童款
□	白色	粉色
□	米色	褐色
▨	灰色	米色

抽绳
4/0号针
成人款: 白色、米色
儿童款: 粉色、褐色　｝取2根线

82（170针）
73（150针）

※粗字是儿童款数据

成品图

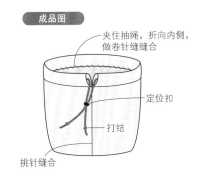

夹住抽绳，折向内侧，做卷针缝合
定位扣
打结
挑针缝合

成人款

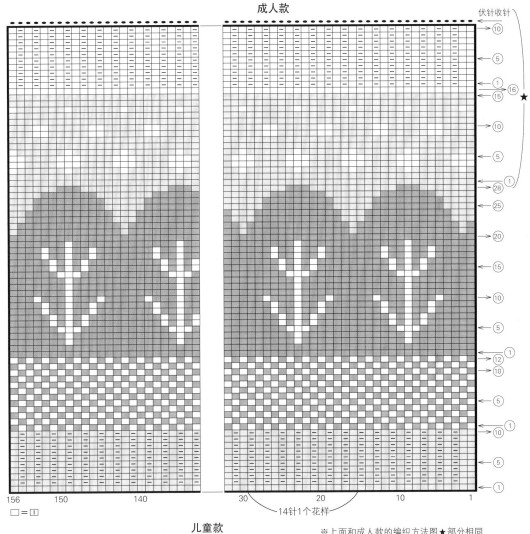

伏针收针

□ = 凵

156　150　140

30　20　10　1

14针1个花样

儿童款

※上面和成人款的编织方法图★部分相同

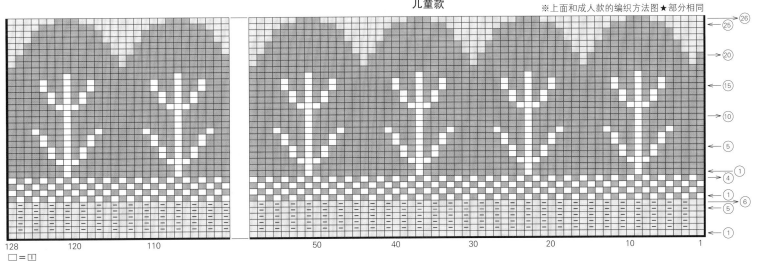

128　120　110

50　40　30　20　10　1

□ = 凵

119

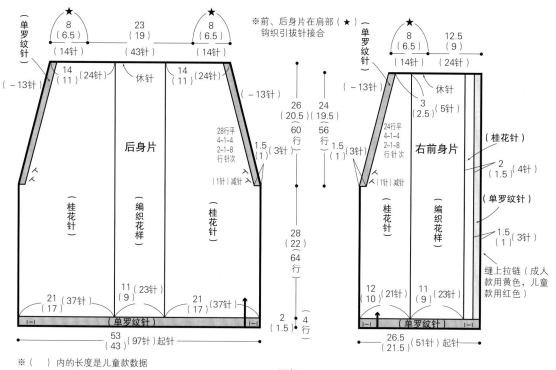

※前、后身片在肩部（★）钩织引拔针接合

后身片

右前身片

（单罗纹针）

（桂花针）

（编织花样）

（桂花针）

53（43）（97针）起针

26.5（21.5）（51针）起针

※（　）内的长度是儿童款数据

8（6.5）（14针）　23（19）（43针）　8（6.5）（14针）

14（11）（24针）　休针　14（11）（24针）

（−13针）　（−13针）

26（20.5）60行

24（19.5）56行

28行平 4-1-4 2-1-8 行针次

1.5（1）（3针）

28（22）64行

2（1.5）（4行）

21（17）（37针）　11（9）（23针）　21（17）（37针）

（单罗纹针）

8（6.5）（14针）　12.5（9）（24针）

3（2.5）（5针）休针

（桂花针）

（单罗纹针）

2（1.5）（4针）

1.5（1）（3针）

（1针）减针

24行平 4-1-4 2-1-8 行针次

缝上拉链（成人款用黄色，儿童款用红色）

12（10）（21针）　11（9）（23针）

p.60
带风帽的马甲

材料与工具
成人款：和麻纳卡 SONOMONO Alpaca Wool
白色（41）400g，米色（42）60g
棒针10号，钩针7/0号（引拔时使用）
54cm 的拉链（黄色），手缝线（黄色）
儿童款：和麻纳卡 SONOMONO Alpaca Wool
《中粗》褐色（63）230g，白色（61）30g
棒针6号，钩针4/0号（引拔时使用）
43cm 的拉链（红色），手缝线（红色）

成品尺寸
成人款：胸围106cm，肩宽39cm，衣长56cm
儿童款（120码）：胸围87cm，肩宽32cm，衣长44cm

编织密度
成人款：10cm×10cm 面积内桂花针17.5针，23行
儿童款：10cm×10cm 面积内桂花针21.5针，29行

编织密度
●身片手指挂线起针，从单罗纹针开始编织。编织4行后，一边配色一边编织桂花针和编织花样，编织终点休针。胁部使用毛线缝针挑针缝合，肩部钩织引拔针接合。
●风帽从前身片、后身片挑针，两端配色编织单罗纹针，一边加减针一边编织桂花针。编织终点休针，做引拔接合。
●前身片的配色部分缝上拉链。

风帽

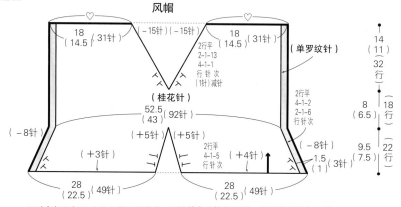

18（14.5）（31针）　（−15针）（−15针）　18（14.5）（31针）

2行平 2-1-13 4-1-1 行针次 （1针）减针

（单罗纹针）

（桂花针）

52.5（43）（92针）

（−8针）　（+5针）（+5针）　（−8针）

（+3针）　2行平 4-1-5 行针次 （+4针）

28（22.5）（49针）　28（22.5）（49针）

14（11）32行

2行平 4-1-2 2-1-6 行针次

8（6.5）18行

9.5（7.5）22行

1.5（1）（3针）

※对齐相同标记（♡）做引拔接合　※从前身片挑起26针，从后身片挑起23针

配色表

	成人款	儿童款
□	白色	褐色
▨	米色	白色

风帽

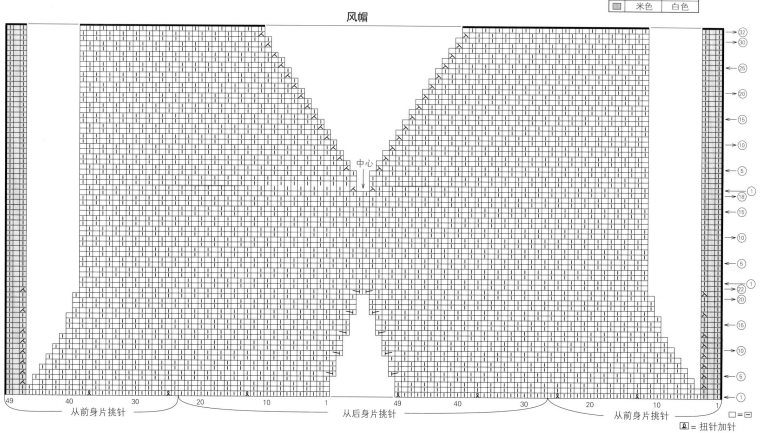

中心

从前身片挑针　　从后身片挑针　　从前身片挑针

□=☐
🍳=扭针加针

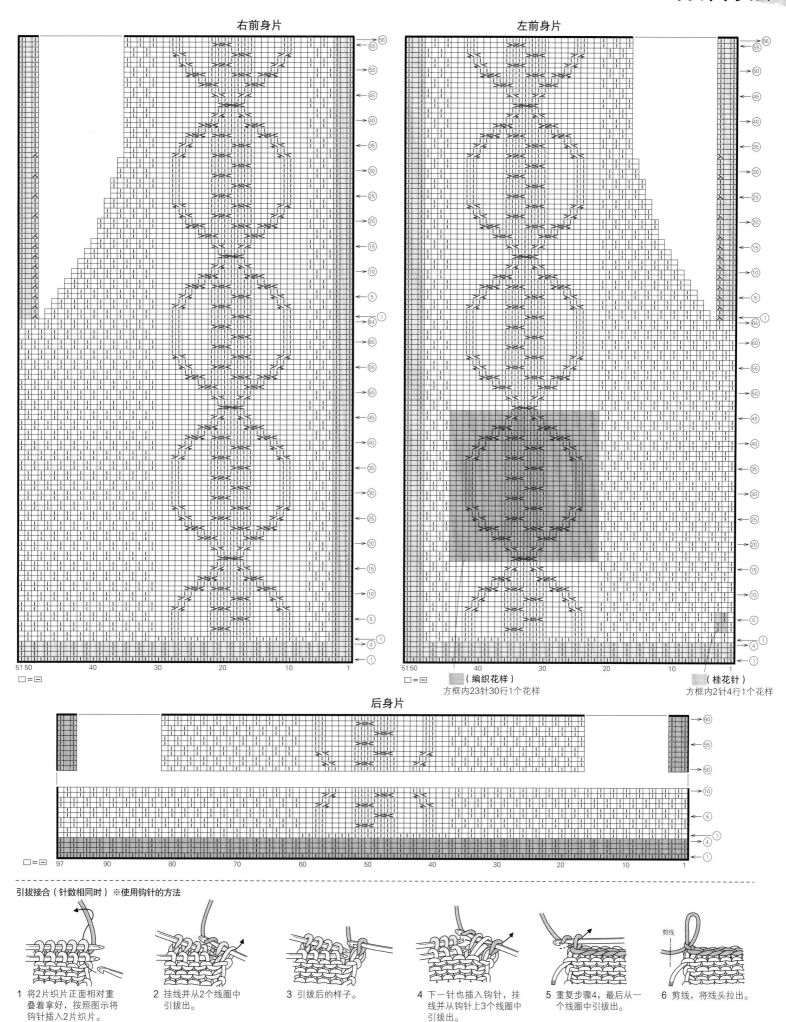

制作方法

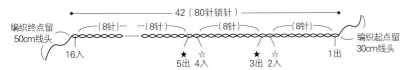

花朵（锁针）　各1条

42（80针锁针）

编织终点留
50cm线头

（8针）—（8针）—（8针）—（8针）

编织起点留
30cm线头

16入　　　5出 4入　　3出 2入　　1出

组合方法

①编织起点的线穿入缝针，从第1针锁针的反面出针。

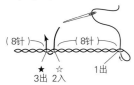

（8针）　（8针）
3出 2入　1出

②跳过8针，从锁针正面插入☆针，从★针的反面出针。（花瓣）重复上述操作。

③从正面将缝针插入最后的锁针，再从第1针锁针中出针，将线拉紧整理好花瓣形状，在反面处理线头。

④编织终点的线穿入缝针。

⑤在距离中心5mm处从反面向正面出针，在针上挂3次线打结，然后从中心向反面出针。（花蕊）

1出
2入
中心　5mm

⑥重复步骤⑤，制作3个花蕊。

⑦将花朵反面缝在发圈上。

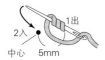

完成

←5.5→

p.65
花朵发圈

材料与工具
后正产业 腈纶段染线 菜色（102）2g，花束色（103）2g，虹色（106）2g
钩针 7/0 号
发圈（喜欢的颜色）各1个

成品尺寸
花朵直径 5.5cm

编织要点
●编织起点和编织终点留下线头，钩织 80 针锁针。
●跳过 8 针用编织起点的线头挑针，钩织 8 片花瓣。在反面缝合，使花瓣聚拢在一起。
●编织终点的线头在正面，在针上挂 3 次线打结，将针插回反面。重复此方法，制作 3 个花蕊。
●分别缝在发圈上。

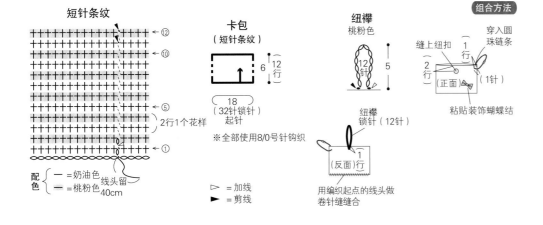

短针条纹

←⑫
←⑩
←⑤
2行1个花样
①→

配色 { — 奶油色
　　　— 桃粉色 }
线头留40cm

卡包
（短针条纹）

6　12行
18（32针锁针）起针

※全部使用8/0号针钩织

▷ = 加线
► = 剪线

纽襻
桃粉色

12针
5

纽襻
锁针（12针）

（反面）行

用编织起点的线头做卷针缝缝合

组合方法

缝上纽扣
穿入圆珠链条
2行
1针
（正面）
粘贴装饰蝴蝶结

p.66
卡包

材料与工具
后正产业 纯毛极粗·2 桃粉色（101）10g，奶油色（111）10g
钩针 8/0 号
直径10mm 的带爪珍珠纽扣 1 颗，圆珠链条（金色）1 根，装饰蝴蝶结 1 个

成品尺寸
宽9cm，深6cm

编织密度
10cm×10cm 面积内：短针条纹 17.5 针，20 行

编织要点
●编织起点线头留40cm，锁针起针，环形编织，不剪线逐行换色钩织短针。
●将起针侧对折，用留下的线头做卷针缝缝合，在指定位置钩织纽襻。
●在指定位置安装纽扣、装饰蝴蝶结、圆珠链条。

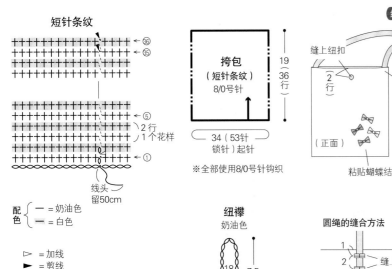

短针条纹

←㊱
←㉟
←⑤
2行1个花样
①→

配色 { — 奶油色
　　　— 白色 }
线头留50cm

▷ = 加线
► = 剪线

挎包
（短针条纹）
8/0号针

19　36行
34（53针锁针）起针

※全部使用8/0号针钩织

组合方法

缝上纽扣
将圆绳缝在内侧
2行
（正面）
粘贴蝴蝶结

纽襻
锁针（18针）
1针
（反面）
用编织起点的线做卷针缝缝合

纽襻
奶油色

18针
7.5

圆绳的缝合方法
1
2
缝上
打结

p.66
挎包

材料与工具
后正产业 纯毛极粗·2 奶油色（111）50g；Rabbits 白色（02）35g
钩针 8/0 号
直径15mm 的纽扣 1 颗，腈纶圆绳（粉色）120cm，几个蝴蝶结

成品尺寸
宽17cm，深19cm

编织密度
10cm×10cm 面积内：短针条纹 15.5 针，19 行

编织要点
●编织起点线头留50cm，锁针起针，环形编织，不剪断线，逐行换色钩织短针。
●将起针侧对折，用留下的线头做卷针缝缝合，在指定位置钩织纽襻。
●在指定位置安装纽扣、蝴蝶结、圆绳。

p.66
钥匙包

材料与工具
后正产业 Soft Merino 奶黄色（2）5g，草绿色（3）5g，灰蓝色（4）5g
钩针 7/0 号
粗 3mm、长 32cm 的挂绳（自然白色）1 根，直径 20mm 的双重环（镍制）1 个，5mm×6mm 的无纺布（深棕色）2 片，23 号刺绣线（深棕色）少量，蝴蝶结 1 个，直径 8mm 的铃铛（金色）1 个，手工艺用黏合剂，红色铅笔

成品尺寸
宽 6cm，长 9.5cm

编织密度
10cm×10cm 面积内：短针、短针条纹均为 20 针，24 行

编织要点
●编织起点线头留 30cm，锁针起针，环形编织。钩织 8 行短针，不剪断线，逐行换色钩织短针。
●用剩余的线头缝合起针侧。
●参照图示制作猫咪的脸，然后对折挂绳，穿上双重环，缝上挂绳。

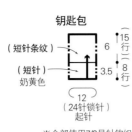

钥匙包
（短针条纹）
（短针）
奶黄色
6
15 行
8 行
3.5
12
（24针锁针）起针
※全部使用7/0号针钩织

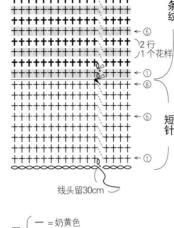

短针条纹
短针
2 行 1 个花样
线头留30cm

▷ = 加线
▶ = 剪线

配色
= 奶黄色
= 灰蓝色
= 草绿色

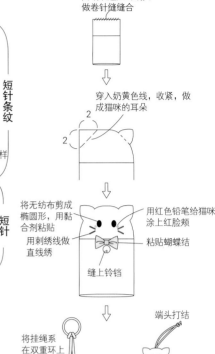

组合方法

用编织起点的线头做卷针缝缝合

穿入奶黄色线，收紧，做成猫咪的耳朵

将无纺布剪成椭圆形，用黏合剂粘贴
用刺绣线做直线绣
缝上铃铛
用红色铅笔给猫咪涂上红脸颊
粘贴蝴蝶结

将挂绳系在双重环上
端头打结
从下方穿入，从头部中心的空隙穿出

---

p.67
迷你亲子围巾

材料与工具
成人款 后正产业 Rabbits 深灰色（06）30g；MARBLE CAT 斑灰色（03）35g
7mm 钩针
直径 20mm 的纽扣 2 颗
儿童款 后正产业 基础极粗 自然白色（32）40g；Yume Corn 象牙白色（01）10g，清蓝色（03）20g
8mm 钩针
直径 23mm 的纽扣 2 颗

成品尺寸
成人款 长 72cm，宽 11.5cm
儿童款 长 60cm，宽 11cm

编织密度
10cm×10cm 面积内：编织花样 成人款 5.5 格，6 行；儿童款 5.5 格，6.5 行

编织要点
●主体钩织锁针起针，做编织花样。
●钩织细绳，穿入主体。钩织流苏，对折后连接在指定位置。

迷你围巾
（编织花样）
儿童款：Rabbits
成人款：Rabbits
儿童款：基础极粗
63 52
37 行 34 行
11.5 11
（13针锁针）起针
※成人款使用7mm钩针，儿童款使用8mm钩针
※粗字是儿童款数据，其他通用
※编织花样最后2行有变化，需要注意

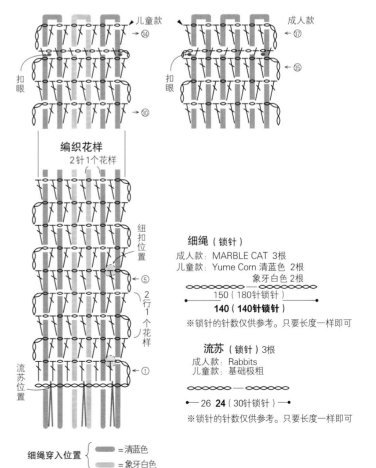

儿童款 → 34
成人款 → 37
35
30
扣眼

编织花样
2针1个花样
5
2 行 1 个花样
纽扣位置
流苏位置
1

细绳（锁针）
成人款：MARBLE CAT 3根
儿童款：Yume Corn 清蓝色 2根
象牙白色 2根
150（180针锁针）
140（140针锁针）
※锁针的针数仅供参考。只要长度一样即可

流苏（锁针）3根
成人款：Rabbits
儿童款：基础极粗
26 24（30针锁针）
※锁针的针数仅供参考。只要长度一样即可

细绳穿入位置
=清蓝色
=象牙白色
※成人款全部使用MARBLE CAT

p.29
各种各样的阿兰花样

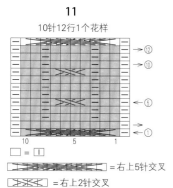...方框内是1个花样

11
10针12行1个花样

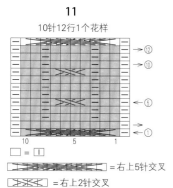

□ = 〡

= 右上5针交叉

= 右上2针交叉

12
6针6行1个花样

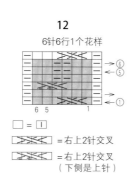

□ = 〡

= 右上2针交叉

= 右上2针交叉
（下侧是上针）

13
8针10行1个花样

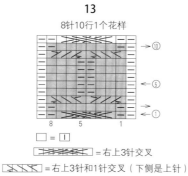

□ = 〡

= 右上3针交叉

= 右上3针和1针交叉（下侧是上针）

= 左上3针和1针交叉（下侧是上针）

14
12针12行1个花样

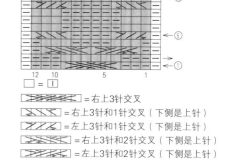

□ = 〡

= 右上3针交叉

= 右上3针和1针交叉（下侧是上针）

= 左上3针和1针交叉（下侧是上针）

= 右上3针和2针交叉（下侧是上针）

= 左上3针和2针交叉（下侧是上针）

15
8针8行1个花样

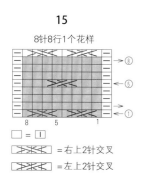

□ = 〡

= 右上2针交叉

= 左上2针交叉

16
8针8行1个花样

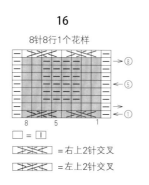

□ = 〡

= 右上2针交叉

= 右上2针交叉

17
16针12行1个花样

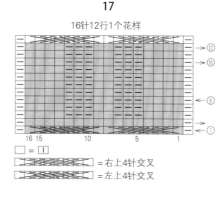

□ = 〡

= 右上4针交叉

= 左上4针交叉

18
16针8行1个花样

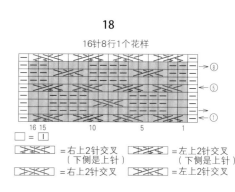

□ = 〡

= 右上2针交叉
（下侧是上针）

= 右上2针交叉

= 左上2针交叉
（下侧是上针）

= 左上2针交叉

19
8针8行1个花样

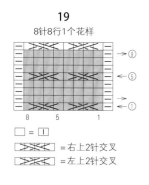

□ = 〡

= 右上2针交叉

= 左上2针交叉

20
8针16行1个花样

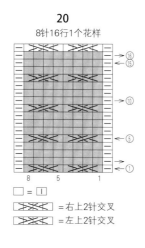

□ = 〡

= 右上2针交叉

= 左上2针交叉

21
12针16行1个花样

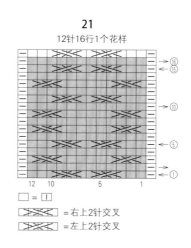

□ = 〡

= 右上2针交叉

= 左上2针交叉

22
13针12行1个花样

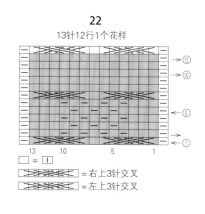

□ = 〡

= 右上3针交叉

= 左上3针交叉

23
9针8行1个花样

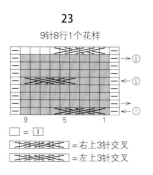

□ = 〡

= 右上3针交叉

= 左上3针交叉

24
9针8行1个花样

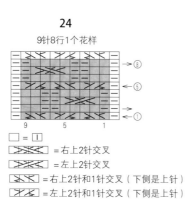

□ = 〡

= 右上2针交叉

= 左上2针交叉

= 右上2针和1针交叉（下侧是上针）

= 左上2针和1针交叉（下侧是上针）

25
12针12行1个花样

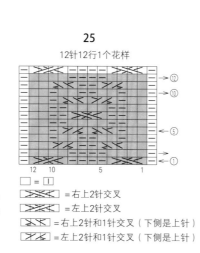

□ = 〡

= 右上2针交叉

= 左上2针交叉

= 右上2针和1针交叉（下侧是上针）

= 左上2针和1针交叉（下侧是上针）

26
12针8行1个花样

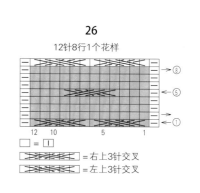

□ = 〡

= 右上3针交叉

= 左上3针交叉

…方框内是1个花样

27
20针24行1个花样

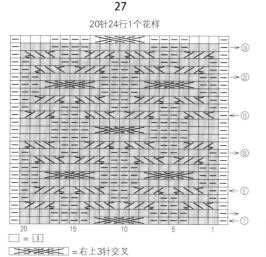

□ = 𝟙
= 右上3针交叉
= 左上3针交叉
= 右上3针和1针交叉（下侧是上针）
= 左上3针和1针交叉（下侧是上针）

28
20针14行1个花样

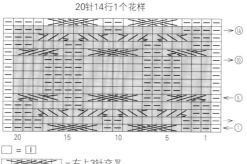

□ = 𝟙
= 右上3针交叉
= 左上3针交叉
= 右上3针和2针交叉（下侧是上针）
= 左上3针和2针交叉（下侧是上针）
= 右上3针和1针交叉（下侧是上针）
= 左上3针和1针交叉（下侧是上针）

29
20针16行1个花样

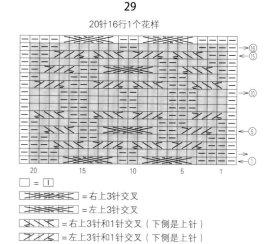

□ = 𝟙
= 右上3针交叉
= 左上3针交叉
= 右上3针和1针交叉（下侧是上针）
= 左上3针和1针交叉（下侧是上针）

30
20针16行1个花样

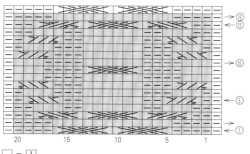

□ = 𝟙
= 右上3针交叉
= 左上3针交叉
= 右上3针和1针交叉（下侧是上针）
= 左上3针和1针交叉（下侧是上针）
= 右上3针和2针交叉（下侧是上针）
= 左上3针和2针交叉（下侧是上针）

31
20针24行1个花样

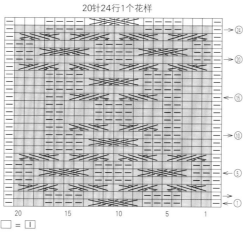

□ = 𝟙
= 右上3针交叉   = 右上3针和2针交叉（下侧是上针）
= 左上3针交叉   = 左上3针和2针交叉（下侧是上针）

p.35
罗纹针围脖

材料与工具
和麻纳卡 Aran Tweed 米色（2）80g
棒针10号

成品尺寸
颈围60cm，长20cm

编织密度
10cm×10cm 面积内：编织花样 20针，24行

编织要点
●手指挂线起针，连成环形，做编织花样。
●编织终点做下针织下针、上针织上针的伏针收针。

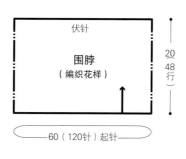

伏针

围脖
（编织花样）

20
(48)
行

60（120针）起针

编织花样

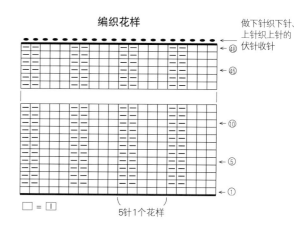

做下针织下针、
上针织上针的
伏针收针

□ = 𝟙

5针1个花样

制作方法

接 p.55
水引小花片

蝴蝶结

1 取 2 根 3 等分（约 30cm）的水引线，左手捏住中心。

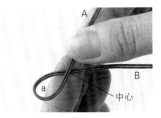

2 在 A 侧沿逆时针方向在上方交叉，制作 1 个环。

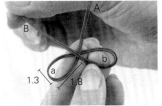

3 在 B 侧制作环 b。

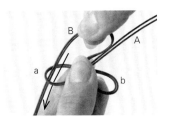

4 参照 p.55 的叶结（竹结），制作叶结。

5 叶结完成。

6 端头剪断多余的水引线，上下颠倒过来，就是一个蝴蝶结。

不倒翁

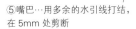

②脸颊…用 3 根 3 等分（约 30cm）的水引线编织鲍鱼结

③眉毛…剪成 5mm 的水引线

①基底…用 5 根 3 等分（约 30cm）的水引线编织梅结

④眼睛…大圆珠

⑤嘴巴…用多余的水引线打结，在 5mm 处剪断

※ 分别用黏合剂粘贴

※ 接 p.127

Rabbits…p.66、67

Yume Corn…p.67

MARBLE CAT…p.67

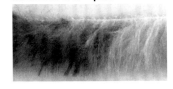

钩针针号对照表

单位（mm）	日本针号	美国针号	英国针号	单位（mm）	日本针号	美国针号	英国针号
2.00	2/0		14	6.00	10/0	J–10	4
2.25		B–1	13	6.50		K–10.5	3
2.50	4/0			7.00	7mm		2
2.75		C–2	12	7.50			1
3.00	5/0		11	8.00	8mm	L–11	0
3.25		D–3	10	9.00	9mm	M/L–13	00
3.50	6/0	E–4	9	10.00	10mm	N/P–15	000
3.75		F–5		12.00	12mm	0/16	
4.00	7/0	G–6	8	15.00	15mm	P/Q	
4.50	7.5/0	7	7	16.00		Q	
5.00	8/0	H–8	6	19.00		S–35	
5.50	9/0	J–9	5				

扫码查看棒针针号对照表

作品使用的毛线（实物粗细）

Koti…p.3、6

Grandir…p.4、5、6、10

MERISILK…p.6

PUNO…p.7、8

基础极粗…p.10、67

British Fine…p.13、15

Spectre Modem…p.14

Amerry…p.14、22

Shetland Spindrift…p.16

British Eroika…p.17、27

Aran Tweed…p.19、35

LILI…p.20

LADDER TAPE…p.20

Bonny…p.21

真丝蕾丝线 #30…p.23

含金银丝线的蕾丝线 #30…p.23

蕾丝线 #20…p.23、57

Leafy…p.25、41

SILK SPIN LAME…p.25

eco-ANDARIA…p.26

Mohair《colorful》…p.26

Antares…p.26

Manila Hemp Yarn Stain Series
…p.28

MINI-SPORT…p.32

AMANO PUNA…p.33

JOS VANNESTE SOPHIE…
p.33

饱含空气的Wool Alpaca…P.39

Shetland Wool…p.40、61

SASAWASHI…p.42

iroiro…p.49、62

eco-ANDARIA《Crochet》…
p.50

FUGA《solo color》…p.51

金票#40蕾丝线…p.56

Queen Anny…p.58

Alba…p.59

SONOMONO Alpaca Wool…
p.60

SONOMONO Alpaca Wool《中
粗》…p.60

Soft Lamb…p.61

腈纶段染线…p.65

纯毛极粗・2…p.66

Soft Merino…p.66

Knit marche Vol. 25（NV80655）

Copyright © NIHON VOGUE-SHA 2020 All rights reserved.

Photographers: Ikue Takizawa, Yukari Shirai, Noriaki Moriya, Miki Tabe

Original Japanese edition published in Japan by NIHON VOGUE Corp.,

Simplified Chinese translation rights arranged with BEIJING BAOKU INTERNATIONAL

CULTURAL DEVELOPMENT Co., Ltd.

备案号：豫著许可备字-2020-A-0213

图书在版编目（CIP）数据

编织大花园.7，趣味十足的时尚编织 / 日本宝库社编著；如鱼得水译.—郑州：

河南科学技术出版社，2024.3

ISBN 978-7-5725-1378-7

Ⅰ.①编…　Ⅱ.①日…②如…　Ⅲ.①手工编织–图解　Ⅳ.①TS935.5-64

中国国家版本馆CIP数据核字（2024）第003435号

出版发行：河南科学技术出版社

地址：郑州市郑东新区祥盛街27号　　邮编：450016

电话：（0371）65737028　　65788613

网址：www.hnstp.cn

责任编辑：刘淑文

责任校对：梁莹莹

封面设计：张　伟

责任印制：徐海东

印　　刷：北京盛通印刷股份有限公司

经　　销：全国新华书店

开　　本：635 mm×965 mm　1/8　印张：16　字数：250 千字

版　　次：2024年3月第1版　2024年3月第1次印刷

定　　价：69.00元

如发现印、装质量问题，影响阅读，请与出版社联系并调换。